TRAITÉ

DE

ZOOTECHNIE SPÉCIALE

LES PORCS

PAR

CH. CORNEVIN

PROFESSEUR A L'ÉCOLE VÉTÉRINAIRE DE LYON

Membre correspondant de l'Académie de Médecine, de la Société nationale d'Agriculture de France
et de l'Académie royale d'Agriculture de Turin
Associé national de la Société centrale vétérinaire, etc., etc.

AVEC 33 FIGURES INTERCALÉES DANS LE TEXTE

PARIS

LIBRAIRIE J.-B. BAILLIÈRE ET FILS

Rue Hautefeuille, 19, près du Boulevard Saint-Germain

1898

TRAITÉ

DE

ZOOTECHNIE SPÉCIALE

LES PORCS

OUVRAGES DU MÊME AUTEUR

TRAITÉ DE ZOOTÉCHNIE SPÉCIALE :

I. *Les Oiseaux de basse-cour*, Cygnes, Oies, Canards, Paons, Faisans. Pintades, Dindons, Coqs, Pigeons, 1 vol. gr. in-8 de 300 p. avec 4 pl. col. et 116 fig. Paris, J.-B. Baillière et fils, 1895.

II. *Les Petits mammifères de la basse-cour et de la maison :* Cobayes, Lapins, Chats et Chiens, 1 vol. gr. in-8 de 400 p. avec 2 planches coloriées et 88 fig. Paris, J.-B. Baillière et fils, 1897.

III. *Les Porcs*, 1 vol. gr. in-8 de 140 p. avec 33 fig. Paris, J.-B. Baillière et fils, 1898.

TRAITÉ DE ZOOTECHNIE GÉNÉRALE, 1 vol. gr. in-8 de 1088 p. avec 204 fig. et 4 pl. coloriées. (Couronné par l'Académie des Sciences et par la Société nationale d'Agriculture de France), Paris, J.-B. Baillière et fils, 1891.

TRAITÉ DE L'AGE DES ANIMAUX DOMESTIQUES D'APRÈS LES DENTS ET LES PRODUCTIONS ÉPIDERMIQUES (en collaboration avec M. Lesbre), 1 vol. grand in-8 de 462 p., avec 211 fig. Paris, J.-B. Baillière et fils, 1894.

LE CHARBON SYMPTOMATIQUE DU BOEUF; PATHOGÉNIE ET INOCULATIONS PRÉVENTIVES (en collaboration avec MM. Arloing et Thomas). 1 volume de 280 p. avec 7 fig. noires et une chromolithographie. 2ᵉ édition, Paris 1887. (Couronné par l'Institut, l'Académie de médecine et la Société nationale d'Agriculture de France.)

LES PLANTES VÉNÉNEUSES ET LES EMPOISONNEMENTS QU'ELLES DÉTERMINENT, 1 volume in-8 de 525 p. avec 51 fig. Paris, 1888.

DES RÉSIDUS INDUSTRIELS DANS L'ALIMENTATION DU BÉTAIL, 1 volume in-8 de 550 p. et 36 fig. (Couronné par la Société d'encouragement à l'industrie nationale.) Paris, 1892.

DE LA PRODUCTION DU LAIT, 1 volume petit in-8 de 172 p., de l'Encyclopédie des Aide-mémoire. Paris, 1894.

VOYAGE ZOOTÉCHNIQUE DANS L'EUROPE CENTRALE ET ORIENTALE, plaquette in-8 de 102 p. avec 8 photogravures sur papier couché. Paris, J.-B. Baillière et fils, 1895.

Lyon. — Imp. PITRAT AÎNÉ, A. REY Succ., 4, rue Gentil. — 15125

TRAITÉ

DE

ZOOTECHNIE SPÉCIALE

LES PORCS

PAR

Ch. CORNEVIN

PROFESSEUR A L'ÉCOLE VÉTÉRINAIRE DE LYON

Membre correspondant de l'Académie de Médecine, de la Société nationale d'Agriculture de France
et de l'Académie royale d'Agriculture de Turin ;
Associé national de la Société centrale vétérinaire, etc., etc.

AVEC 33 FIGURES INTERCALÉES DANS LE TEXTE

PARIS

LIBRAIRIE J.-B. BAILLIÈRE et FILS
Rue Hautefeuille, 19, près du Boulevard Saint-Germain

1898

Tous droits réservés.

TRAITÉ

DE

ZOOTECHNIE SPÉCIALE

(ETHNOLOGIE ANIMALE)

Après l'étude des Oiseaux de basse-cour et des petits Mammifères domestiques appartenant aux ordres des Rongeurs et des Carnivores, vient celle des Artiodactyles.

ARTIODACTYLES

L'ordre des Artiodactyles est constitué par des animaux dont le pied, ainsi que l'indique l'étymologie ($\check{\alpha}\rho\tau\iota o\varsigma$, pair), est ongulé à doigts pairs, dans la généralité des espèces, sauf quelques exceptions. Les deux doigts externes sont d'ordinaire rudimentaires ; les 3e et 4e, d'égale grosseur et beaucoup plus développés que les 2e et 5e, reposent sur le sol par l'onglon et supportent le corps.

Les molaires, chez tous les Artiodactyles, sont bien déve-

loppées, possèdent des denticules saillants ou des replis
d'émail ; les autres dents varient suivant les groupes. La
peau est couverte de phanères fort différents selon les
espèces.

Cet ordre est très vaste ; il comprend à lui seul la plus
grande partie des animaux domestiques et ceux qui repré-
sentent le capital le plus considérable ; tous sont comestibles et plusieurs fournissent en plus des produits de
première importance, lait, laine et duvet.

Il se divise très naturellement en deux sous-ordres d'après
la conformation de l'appareil digestif : 1º celui des Artiodactyles monogastriques ou Pachydermes proprement dits ;
2º celui des Artiodactyles polygastriques ou Ruminants.

ARTIODACTYLES MONOGASTRIQUES
OU PACHYDERMES

Les animaux de ce groupe établissent une sorte de transition entre les Artiodactyles et les Périssodactyles ou animaux à doigts impairs, puisqu'on trouve dans ce sous-
ordre une espèce qui est périssodactyle aux membres
postérieurs et artiodactyle aux antérieurs *(Dicotyles labia-
tus* Cuv., Pécari) et qu'une race de Porc syndactile est
en voie de formation. Leur estomac est simple ; la femelle
a un placenta diffus, comme celui des Equidés.

Les paléontologistes ont trouvé dans les terrains tertiaires,
particulièrement dans le miocène et le pliocène, une série de
formes, qui de l'Hyotherium conduisent aux Suidés actuels,

et dont les principales sont : *Sus Lockarti, S. chœroïdes,* du miocène moyen, *Sus antiquus, S. paleochœrus, S. Eryman- tius, S. major* du miocène supérieur ; *Sus provincialis, S. Arvernensis, S. Indicus, S. ferus, S. palustris* du pliocène.

A partir du quaternaire, on rencontre exclusivement les formes actuelles.

Caractères. — Les Artiodactyles monogastriques sont des animaux lourds pour la plupart, à peau épaisse, pigmen- tée, couverte de poils généralement rigides. Entre ceux-ci se trouve, pendant l'hiver et chez quelques espèces, une sorte de duvet. Le bassin est allongé et la symphyse porte sur les ischions. Ils marchent, pour le plus grand nombre, sur les 3ᵉ et 4ᵉ doigts qui sont plus grands que les deux exter- nes et reposent sur le sol par leurs sabots. Les 2ᵉ et 5ᵉ doigts peuvent concourir à soutenir le corps, mais c'est l'exception ; ils sont généralement rudimentaires, rejetés en arrière et ne touchent pas le sol. Dans le genre Pecari, aux membres pos- térieurs, un de ces doigts, l'externe, est tout à fait rudimen- taire, tandis que les trois autres touchent terre. Les méta- tarsiens et les métacarpiens médians ne sont jamais réunis en un seul os. La tête est forte, la face allongée forme groin. La dentition comprend trois espèces de dents : mo- laires tuberculeuses, canines devenant très fortes chez les mâles, incisives. Entre les molaires et les canines, il y a toujours un espace libre. Ces animaux, en majorité assez farouches, se plaisent dans les endroits marécageux. Quel- ques-uns habitent presque constamment les cours d'eau.

On distingue deux familles dans ce sous-ordre : celles des *Obèses* et des *Suidés*. Si la famille des Obèses a de l'intérêt pour le zoologiste, elle en a peu pour le zootechniste. Elle ne renferme, en effet, que l'*Hippopotamus amphibius* L. Cette espèce, représentée par des animaux sauvages, qui vivent en bandes dans les grands fleuves et les lacs de l'intérieur de l'Afrique, nagent et plongent admirablement, n'intéresse l'agriculteur et le zootechniste que par les déprédations que ses représentants causent dans les plantations voisines des eaux où ils se tiennent tout le jour et dont ils sortent la nuit.

Famille des SUIDÉS

Ce groupe renferme des sujets de taille et de poids variables, dont la peau, pigmentée chez les individus sauvages, peut ne pas l'être chez les sujets domestiques. Les poils qui la recouvrent, dont le nombre, la disposition et la couleur varient beaucoup, sont caractérisés histologiquement par l'absence de substance médullaire (Leydig).

La peau présente, dans le genre *Dicotyles*, des glandes à la région sacrée et, dans le *Potamochœrus*, un renflement verruqueux à la région lacrymale. Une couche de lard existe à la face interne de la peau. La tête est formée d'os dont les dimensions et les directions changent, avec les générations, d'après le régime de l'animal, c'est-à-dire suivant qu'il doit chercher sa nourriture dans les champs, en fouillant la terre, ou non. Le nez présente à sa partie antérieure des poils tactiles, à sinus sanguins.

La dentition présente un intervalle variable entre les molaires et les canines, large quand le groin est allongé, plus court quand il est raccourci. Les incisives, fort obliques, s'usent rapidement; leur apparition a lieu de la périphérie au centre. Les canines, d'ordinaire très allongées, triangulaires, énormes chez les mâles, se recourbent latéralement en dehors et, pour les supérieures, quelquefois en haut comme chez le Babiroussa. Les molaires, au nombre de 6 ou 7 à chaque mâchoire, sont tantôt simples et coniques, tantôt à couronne très large et portant plusieurs tubercules coniques. Chez les individus du genre Sus, à face très courte, parfois la 7ᵉ molaire, qui est volumineuse, est obligée de se tourner en travers.

Il y a dans la colonne vertébrale des variations numériques très étendues sur lesquelles nous aurons à revenir.

La fécondité des Suidés est considérable : les femelles possèdent 5, 6 et 7 paires de mamelles qui sont pectorales, abdominales et inguinales.

Les espèces sauvages vivent en troupes dans les zones chaudes et tempérées de l'ancien et du nouveau monde ; elles affectionnent les forêts humides et marécageuses ; leur nourriture consiste en racines, plantes et matières animales ; attaquées, elles se défendent et sont dangereuses.

Les principaux genres de cette famille sont : **Phacochœrus** Cuv.; **Babirussa** F. Cuv.; **Dicotyles** Cuv.; **Potamochœrus** Gray; **Sus** L.

Les Phacochères ou Cochons à verrues sont des Suidés africains, à oreilles petites et à groin très large; les défenses supérieures sont énormes avec des sillons longitudinaux en avant et en arrière. On en signale deux espèces : *P. æthiopicus* Cuv. (fig. 1), qu'on trouve du cap au golfe de Guinée, et *P. Aeliani* Rupp., qui habite l'Abyssinie et l'Afrique centrale. Animaux brutaux non domestiques, mais qu'on peut apprivoiser.

Les Babiroussas ou Cochons-Cerfs vivent aux Célèbes,
aux Moluques, dans l'Inde ; ils sont plus sveltes et plus
hauts sur pattes proportionnellement que les autres Suidés.
Les canines supérieures des mâles acquièrent une longueur
considérable ; elles se recourbent comme des cornes et semblent des organes de protection pour les yeux (fig. 2).

Les Babiroussas n'ont pas été domestiqués, mais on

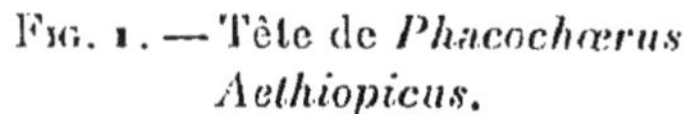

Fig. 1. — Tête de *Phacochœrus*   Fig. 2. — Tête de Babiroussa
      Aethiopicus.   mâle.

peut les apprivoiser sans trop de peine. Très sensibles au
froid, ils ne s'acclimatent pas dans l'Europe occidentale. Les
indigènes des pays où ils vivent en placent parfois les crânes
dans leurs pagodes, après les avoir peints et avoir doré les
défenses.

Les Pécaris (fig. 3) sont les Suidés autochtones de l'Amérique. Ils sont caractérisés par trois doigts seulement aux
membres postérieurs, une queue rudimentaire et la présence
d'une glande à sécrétion, d'odeur pénétrante. Nombreux dans
les régions chaudes de l'Amérique centrale, on les tue pour
en consommer la chair et aussi pour défendre les plantations

qu'ils fouillent et ravagent. Faciles à apprivoiser, on aurait
pu les domestiquer, si l'on n'eût trouvé plus commode de les
chasser et de les abattre quand on a besoin de leur chair ;
celle-ci a une bonne saveur, qui n'est pourtant pas semblable
à celle du Porc.

Les Potamochères habitent tous l'Afrique. Ils n'ont pas

Fig. 3. — Pécari.

été complètement étudiés, car on relève de notables différences dans les descriptions des naturalistes, les uns les
disant caractérisés par la présence d'un renflement verruqueux que supportent les os nasal et intermaxillaire, et les
autres ne signalant pas cette particularité. L'espèce la plus
curieuse est : *P. penicillatus* Scha (fig. 4), dont les oreilles
se terminent par un pinceau de poils ; la face est presque
nue, et, par une sorte de compensation, il y a une forte barbe
aux deux joues,

Aucun des quatre genres précédents ne renfermant d'espèces domestiques, il n'en sera pas question davantage.

Le genre **Sus**, renfermant à lui seul tous les Artiodactyles monogastriques soumis à la domestication, doit être étudié de plus près.

FIG. 4. — Potamochère à oreilles en pinceau.

Les animaux qui le constituent ont pour formule dentaire :

$$\text{inc. } \frac{3}{3}, \text{ can. } \frac{1}{1}, \text{ pm. } \frac{4}{4}, \text{ am. } \frac{3}{3}.$$

Mais comme les dimensions de la face sont fort variables, la première prémolaire inférieure peut faire défaut dans les formes à face courte. Les canines, très fortes sur les mâles, sortent de la bouche, ce sont les *crocs* ou *défenses*.

Tête dont la partie faciale, renforcée à son extrémité d'un os dermique, et propre à fouiller la terre, est appelée *groin*. Yeux petits proportionnellement au corps et à pupille ronde.

Mamelles pectorales, abdominales et inguinales en nombre variable, mais toujours élevé et oscillant autour de 12.

Pieds terminés habituellement par quatre doigts, dont les deux intermédiaires seuls touchent terre ; une forme présente de la monodactylie médiane héréditaire et les cas où les Suidés de tous groupes n'offrent qu'un doigt sont relativement communs, comme si les Porcins marchaient vers la solipédie.

Queue courte. Bassin allongé, avec symphyse inclinée vers l'ischion. Peau épaisse, pigmentée ou non, recouverte de phanères grossiers, sans canal médullaire, désignés par antithèse sous le nom de *soies*. Le diamètre de celles-ci varie dans de grandes proportions, suivant les races, et elles se divisent souvent à la pointe en 3 ou 4 branches formant pinceau, mais elles sont assez uniformes dans leur longueur et ne montrent pas de ventres et de rétrécissements.

Taille très variable. — Grande fécondité. — Ce sont les animaux de la ferme qui ont la malléabilité organique la plus considérable.

Les zoologistes ne s'entendent point sur le nombre des espèces qui composent le genre Sus. Les uns, en tête desquels se place Buffon, n'y voient qu'une seule espèce, qu'ils appellent habituellement *S. scrofa*. Les autres, se basant sur des caractères purement morphologiques, les multiplient plus ou moins, suivant leur tournure d'esprit. Pour donner une idée de l'arbitraire qui règne en ces matières et une nouvelle preuve de la fragilité des déterminations spécifiques basées sur la seule morphologie, nous reproduisons comparativement les nomenclatures préconisées par Claus[1], Chenu[2], Brehm[3], H. von Nathusius[4] et Forsyth Major[5].

<table>
<tr><td rowspan="2"></td><td colspan="5" align="center">CLASSIFICATIONS DE</td></tr>
<tr><td>CLAUS</td><td>BREHM</td><td>CHENU</td><td>FORSYTH MAJOR</td><td>NATHUSIUS</td></tr>
<tr><td rowspan="7">GENRE SUS</td><td>S. scrofa L. . .</td><td>S. scrofa L. . .</td><td>S. scrofa . . .</td><td>S. scrofa . . .</td><td>S. scrofa.</td></tr>
<tr><td>S. indicus Pal.</td><td>S. leucomys -
tax Br. . .</td><td>S . Papuensis .</td><td>S. Villatus . .</td><td>S. Indicus.</td></tr>
<tr><td>S. verrucosus
Muller et
Schlegel .</td><td>S. cristatus
Wagn. . .</td><td>S. verrucosus.</td><td>S. verrucosus.</td><td>»</td></tr>
<tr><td>S. pliciceps
Gray . . .</td><td>S. Andama -
nensis. . .</td><td>S. villatus . .</td><td>S. barbatus. .</td><td>»</td></tr>
<tr><td>S. villatus
Temmink</td><td>»</td><td>»</td><td>»</td><td>»</td></tr>
</table>

A part le *S. scrofa*, dont le nom est commun à toutes les classifications, les autres espèces ont reçu des dénominations différentes.

Les questions qui se posent au zootechniste consistent à savoir : 1° si ces espèces sont légitimes ; 2° si le Porc domestique, dans ses diverses races, dérive d'une seule, de plusieurs ou même de toutes les espèces énumérées ci-dessus.

En un mot, c'est l'origine des Cochons domestiques qu'il faut d'abord rechercher avant d'en faire l'ethnologie.

[1] Claus, *Traité de Zoologie*, édition de 1878, p. 1050.
[2] Chenu, *Encyclopédie d'histoire naturelle*, RONGEURS et PACHYDERMES, p. 296 à 302.
[3] Brehm, *la Vie des animaux, les Mammifères*, pages 716 et suiv.
[4] Hermann von Nathusius, *Abbildungen von Schweineschœdeln*, Berlin, 1864.
[5] Reproduit dans le *Traité de Zoologie médicale et agricole*, de M. Raillet, page 1167, édition de 1895.

LES PORCS

CHAPITRE PREMIER

ORIGINE DES PORCS

Pour se former une opinion sur l'origine des Cochons domestiques, il faut examiner : 1° les formes paléolithiques, néolithiques et protohistoriques des Suidés ; 2° les caractères différentiels sur lesquels on s'est appuyé pour établir des espèces multiples parmi les formes vivantes ; 3° l'évolution morphologique de la tête de ces animaux ; 4° la malléabilité de l'organisme porcin et sa cause essentielle ; 5° les variations numériques de la colonne vertébrale ; 6° le résultat des accouplements entre les formes qualifiées d'espèces.

I. Coup d'œil sur les formes fossiles.

Rappelons d'abord que, du miocène au tertiaire supérieur, les paléontologistes ont trouvé des restes d'animaux ayant plusieurs caractères des Suidés actuels avec quelques caractères propres. Falconer et Cautley d'une part, Lartet de l'autre, les classent dans un genre spécial qu'ils nomment Choerotherium.

Dans le quaternaire et le néolithique, d'autres formes ont été trouvées auxquelles les différents noms de *S. priscus*, *S. antiquus*, *S. antediluvianus*, *S. Arvernensis*, *S. palustris* furent d'abord donnés. Des études plus récentes, mieux conduites parce qu'elles ont porté comparativement sur un grand nombre d'échantillons, ont amené les paléontologistes contemporains à ne plus reconnaître que deux formes fossiles pour le néolithique et le protohistorique : l'une, qu'ils appellent *S. scrofa Europæus*, correspond à notre Sanglier actuel ; l'autre, qu'ils dénomment *S. Indicus* et que Rutimeyer appela *S. palustris*, correspondrait aux porcins asiatiques. Il y aurait des probabilités pour qu'elle fût identique au *S. vittatus* actuel de l'Asie orientale.

Rutimeyer a trouvé ces deux formes dans les palafittes de la Suisse [1], Barpi dans les tourbières de Lonato [2], Wöldrich dans la station lacustre de Ripac, en Bosnie [3]. Dans cette dernière, qui date de la fin de l'époque néolithique et surtout de l'âge du bronze, le nombre des restes de porcs à examiner était beaucoup plus considérable que celui des autres espèces et montait à 3ooo. La plus grande partie était du type *S. Indicus*. Tout récemment, à Stentinello, en Sicile orientale, Orsi a exhumé une station qualifiée d'énéo-

---

[1] Rutimeyer, *Die Fauna der Pfahlbauten*, Basel, 1861.

[2] Barpi, *Brevi cenni intorno agli avanzi fossili animali della torbiera di Lonato*, Milano, 1891.

[3] Wöldrich, *Fauna Kicmanjaka Ripacke soyence* (La faune des Vertébrés de la station lacustre de Ripac) *Glasnik et Zemalskoy museja v. Borni, Herzegovine*, VII, 1895, 3, Serajevo, 1896.

lithique (Sicanes), dont la faune fut étudiée par Strobel. Et tous les restes de Suidés ont été rattachés, sans exception, au *S. Indicus* [1].

Les paléontologistes commencent à faire remarquer que les restes de la forme dite asiatique ou indienne sont plus nombreux dans les stations européennes explorées jusqu'ici que ceux de la forme dite européenne, comme si celle-ci ne s'y trouvait qu'accidentellement, peut-être en voie de formation.

Nehring n'admet pas la légitimité de l'espèce *S. Indicus*; il la rattache au *S. scrofa Europæus* et la considère comme sa forme naine. Pour lui, le Sanglier d'Europe serait ainsi la forme première. Mais la supériorité numérique des ossements du Sanglier indien dans les stations européennes, qui s'affirme au fur et à mesure que se multiplient les recherches, me porte à penser que le contraire est l'expression de la réalité. A mon avis, la petite forme est probablement la primitive et la grande est la dérivée. C'est une règle qui comporte peu d'exceptions que les animaux sauvages, similaires des domestiques, et leurs ancêtres sont de taille et de poids moindres.

D'autre part, nous verrons plus loin, d'après les figurations de porcs que nous ont laissées les Romains et d'après les descriptions de leurs agronomes, qu'ils élevaient la forme dite asiatique, dont la dénomination, du fait des découvertes paléontologiques, devient fautive, comme toutes les dénominations géographiques d'ailleurs.

---

[1] Voy. sur Stentinello les articles de MM. Orsi et Strobel, *Bollettino di paletnologia*, p. 177 et suiv. pl. VI-VIII, 1890.

II. Examen des classifications spécifiques des formes porcines vivantes.

Le tableau de la page 10, par les variantes qu'il décèle, a déjà fait soupçonner la fragilité de la classification des Porcins. En examinant les choses de près, le conventionnel en apparaît plus clairement ; par exemple : *S. Papuensis* et *S. Andamanensis* sont une même forme, et *S. villatus* et *S. leucomystax* également.

Si nous nous en rapportons aux deux zoologistes qui, dans ces dernières années, ont le mieux étudié le sujet, Forsyth Major et von Nathusius, voici ce que nous apprenons :

Pour Forsyth Major, il y aurait 4 espèces de Porcs : *S. villatus*, *S. verrucosus*, *S. barbatus* et *S. scrofa*. — D'après lui, la première renfermerait 17 formes dont on a fait abusivement des espèces, car ce ne sont que des variétés des races, en voici les principales :

$$S.\ villatus \quad \cdots \quad \begin{cases} S.\ Indicus. \\ S.\ Capensis. \\ S.\ Andamanensis. \\ S.\ Papuensis. \\ S.\ leucomystax. \\ S.\ Timoriensis. \\ S.\ Moupinensis. \\ S.\ Sennaariensis. \\ S.\ cristatus. \\ S.\ scrofa\ meridionalensis. \end{cases}$$

H. von Nathusius va plus loin, il réunit, sous l'appellation de *S. indicus*, le *S. villatus* de Forsyth et toutes les formes que celui-ci y rattache. Il fait également rentrer dans cette espèce, d'après les résultats que lui a fournis une

étude ostéographique minutieuse, *S. pliciceps* Gray, ou
Cochon à masque. Il montre que la brièveté de la tête de cet
animal, son groin large, ses grandes oreilles pendantes, les
rides de sa peau, de sa face et de son front sont des caractères ethniques et non spécifiques.

De notre côté, pour nous faire une opinion, nous avons
étudié dans les collections que nous avons visitées dans nos
voyages ou sur les pièces envoyées à notre laboratoire, les
formes précitées, sauf *S. verrucosus*, et *S. barbatus*, que nous
n'avons pas encore eu la bonne fortune d'avoir en mains.

Pour le moment, nous laisserons ces deux dernières de
côté, ne voulant émettre une opinion, en cette matière, que
sur des choses que nous avons pu examiner personnelle-
ment. L'exclusion n'a du reste ici aucun inconvénient, car
nous n'avons jamais vu qu'aucune des races porcines domestiques ait été rattachée à l'une ou l'autre de ces formes.

Nous restons donc en présence de deux espèces : *S. Indicus* ou *vittatus*, comme on voudra, et *S. scrofa*.

Ceux pour qui les particularités morphologiques et surtout ostéologiques sont suffisantes pour la création d'espèces, trouvent à s'appuyer ici sur des particularités du squelette céphalique : plus grande largeur du crâne, exiguïté des
os lacrymaux, supériorité de largeur de la partie antérieure
des os palatins et divergence des dents molaires antérieures.

Il y aurait aussi des différences dans le nombre des vertèbres, signalées dès 1837 par Eyton.

Buffon, qui a fait une étude comparative très détaillée du
Sanglier, du Cochon commun d'Europe et du Cochon de
Siam [1], ne jugea point les différences qu'il rencontra suffi-

---

[1] Buffon, *Histoire naturelle.*

santes pour séparer ces animaux en deux ou en trois espèces,
il les réunit en une seule.

Nathusius et Darwin, qui les classent en deux espèces,
s'appuient, pour le faire, sur ce que, entre les Sangliers et
les Cochons occidentaux et ceux de l'Extrême-Orient, les
différences ostéologiques sont aussi nombreuses qu'entre
le Cheval et l'Ane, dont on a fait deux espèces.

Mais dénombrer des différences squelettiques, et même en
mesurer l'étendue *absolue* ne suffit point. Il faut : 1º voir si
ces différences existent dès la naissance ou si elles n'appa-
raissent que plus tard ; 2º comparer les races, se rendre
compte de la malléabilité de l'organisme et, par conséquent,
de l'amplitude que peuvent acquérir les variations purement
ethniques ; 3º il est indispensable de rechercher si les
diverses sortes de Porcins, Sangliers, Cochons d'Occident à
longues oreilles, Porcs de l'Extrême-Orient, en s'accouplant,
produisent des hybrides comme dans l'accouplement de
l'Ane et de la Jument ou du Cheval et de l'Anesse, ou, au
contraire, s'ils procréent des métis, c'est-à-dire des individus
féconds. Voyons ces différents points :

III. Evolution morphologique de la tête des Porcins.

Parmi les moyens employés pour s'éclairer sur les questions d'origine, se place la comparaison de la morphologie
céphalique à la naissance, puis à intervalles assez rappro-
chés jusqu'au moment de la reproduction, entre des sujets
de même genre, mais de race et même d'espèce différentes.

Pour l'effectuer, nous avons rassemblé et préparé une
série de têtes de marcassins et de porcelets provenant, les

premières du Sanglier d'Europe, les secondes des principales races européennes, les anglaises comprises. Elles ont été étudiées, mesurées et dessinées.

De cet examen, il résulte que, à la naissance, toutes les têtes de porcins, qu'ils appartiennent aux formes sauvages

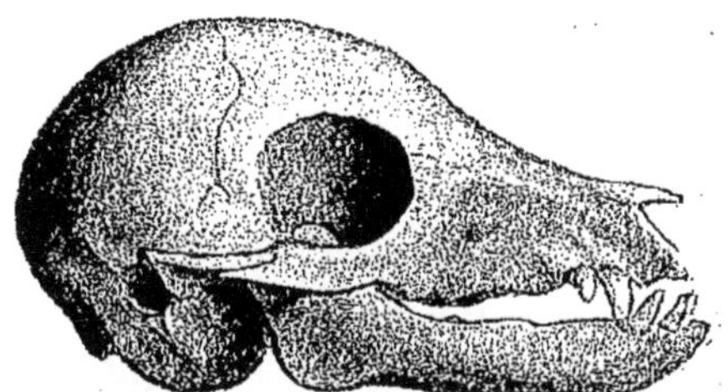

Fig. 5 — Tête de Marcassin à la naissance.

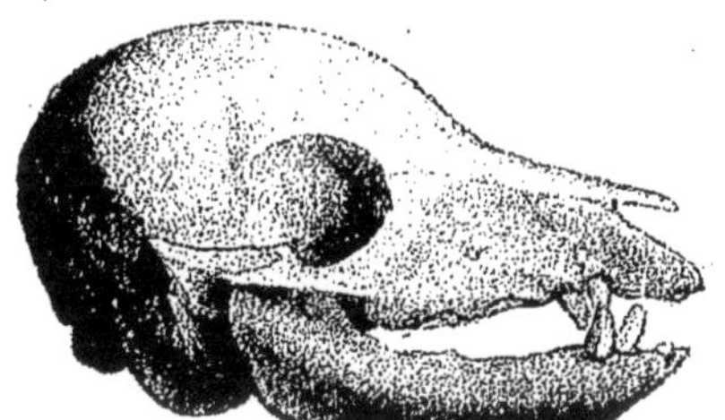

Fig. 6. — Tête de Porc à la naissance.

ou aux formes domestiquées très perfectionnées, ont le front bombé (fig. 5 et 6), très développé, à angles arrondis et la face très courte, ce qui donne à l'ensemble de la tête une ressemblance avec celle du Chien. A ce moment, le rapport de l'aire de la face est à celui du crâne comme 1 est à 6 ou 7.

Vers le quinzième jour après la naissance, la pente séparative du front et de la face disparaît peu à peu par un relèvement de la partie postérieure de celle-ci, qui se met à la

CORNEVIN. Les Porcs.   2

hauteur du front, mais la partie temporale de la tête est toujours arrondie.

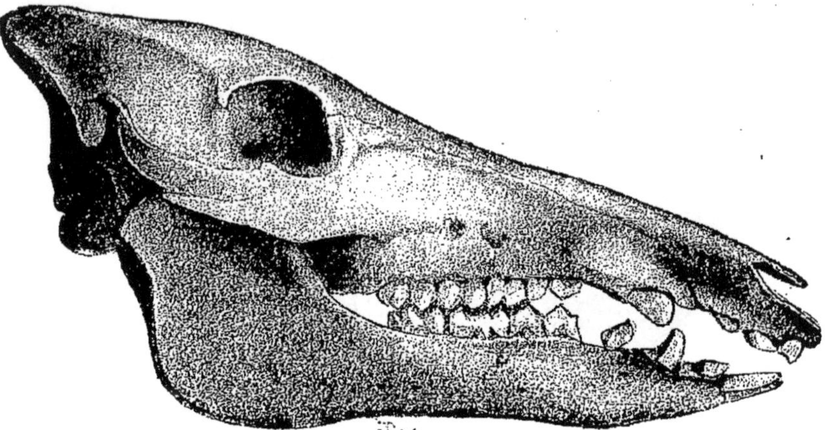

FIG. 7. — Tête d'un Sanglier de 10 mois.

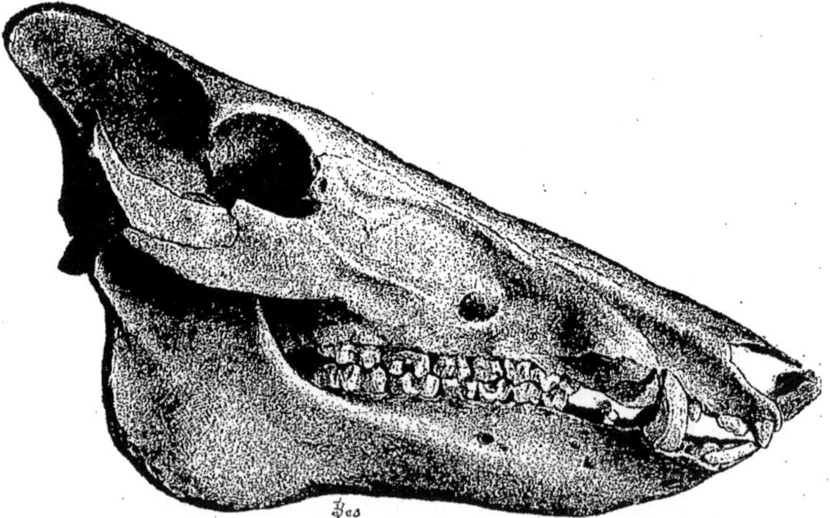

FIG. 8. — Tête d'un Sanglier de 18 mois environ.

A partir de ce moment, la face s'allonge et se développe

proportionnellement plus vite que la partie cranienne. Dans celle-ci, l'os occipital s'accroît en largeur et en hauteur, la partie postérieure de la tête se relève aussi, de telle sorte

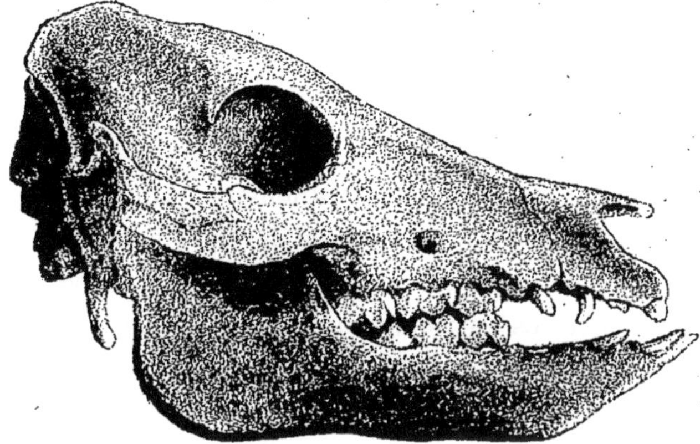

Fig. 9. — Tête d'un Porc de race Berkshire âgé de 7 mois.

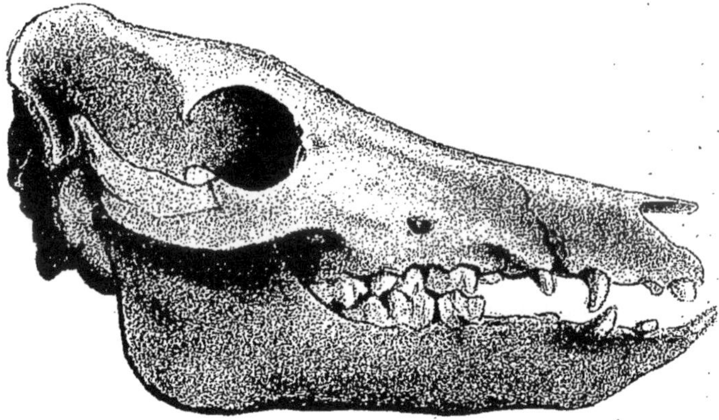

Fig. 10. — Tête d'un Porc de race Berkshire âgé de 9 mois.

qu'entre le 40ᵉ et le 50ᵉ jour la tête de tous les porcins forme à sa partie supérieure un plan presque régulier de la crête occipitale au bout du groin. A cet âge, la tête du porc domestique de la race la plus perfectionnée a la silhouette que gardera toute sa vie celle du Sanglier (fig. 7 et 8).

A partir du 3e mois généralement, mais plus tard si les conditions alimentaires et la vie sauvage le réclament, la tête commence à se différencier ethniquement et à évoluer vers la forme qu'elle doit avoir définitivement. La première et la plus forte différenciation porte sur la face et particulièrement sur les os sus-nasaux qui, chez le Sanglier et plusieurs races, obligées comme lui de chercher leur nourriture à terre, s'allongent considérablement, tandis que, chez d'autres, spécialement chez celles élevées en stabulation, ils n'acquièrent que des proportions moindres. Mais déjà, chez les uns et les autres l'étendue de la face est au moins égale à celle du crâne.

Puis la partie cranienne commence à éprouver très faiblement jusqu'au 7c mois (fig. 9), ensuite d'une façon plus accentuée, le mouvement d'exhaussement de la partie postérieure (fig. 10). Suivant son importance et son degré, il s'accompagne ou non d'une brisure formant angle au point de jonction du front et de la face. Dans quelques races, la craonnaise par exemple, l'exhaussement est un véritable mouvement de bascule et, par conséquent, l'angle fronto-nasal est porté à son maximum [1].

C'est la forme céphalique qui s'éloigne le plus de celle du Sanglier par son profil et l'angle fronto-facial ; elle supporte des oreilles également très différentes par leurs dimensions et leur direction. Si on ne l'avait suivie dès la naissance, on hésiterait à croire à sa forme primitive.

[1] Voir à ce sujet les figures des pages 24 et 25.

IV. Malléabilité de l'organisme porcin
et ses principales causes.

Au fur et à mesure des descriptions, on constatera entre les races de Porcs de grandes différences. Elles ne dépassent pourtant pas en amplitude celles observées entre les races de Chiens [1], et plusieurs de ces différences sont comparables dans les deux groupes. La tête allongée du Sanglier fait le pendant de celle du Lévrier, la face courte du New-Leicester réédite celle du Dogue.

Les dispositions des oreilles présentent des analogies non moins marquées ; elles sont redressées chez le Sanglier et le Porc mandchoux comme chez le Chien des Esquimaux et le Spitz, courbées en avant dans le Cochon méditerranéen comme chez certains Lévriers, pendantes dans le Porc masqué et dans celui de l'Europe occidentale comme dans le Saint-Hubert et ses dérivés.

Il est plus difficile de saisir, chez les Porcs que chez les Chiens, la concordance de construction qui s'observe entre la tête et les extrémités ou entre le tronc et les membres. A un tronc relativement allongé peut s'adapter une tête courte, et, allongé, il peut être supporté par des membres très brefs. L'intervention de l'homme, agissant sur un animal à destination exclusivement comestible, l'a modifié et pétri suivant ses goûts et ses intérêts. Il a complété la série des formes naturelles en intercalant entre elles, par les

[1] Voy. Cornevin, *Zootechnie spéciale, les Petits Mammifères de la basse-cour et de la maison*, Paris, 1897, p. 98.

procédés zootechniques, des formes spéciales et essentielle-
ment utilitaires.

Cette intercalation n'eût pas été aussi complète qu'elle
le fut, si l'on n'eût agi sur un organisme très malléable.
D'autres groupes d'animaux domestiques ne se fussent point
ainsi laissé détourner de leurs formes primitives.

La preuve de la malléabilité ressortira de l'examen des
variations éprouvées par la taille, le poids, la tête, la peau
et les phanères, les membres et l'appareil digestif.

Taille et poids. — On juge des variations de taille et
de poids par deux méthodes : 1° en suivant une même race
dans toute l'étendue de son habitat et en notant les différences qu'elle présente suivant les régions ; 2° en soumet-
tant des animaux de même race à des régimes alimentaires
spéciaux.

J'ai exploré à peu près tout l'habitat de la race à tête de
taupe ou méditerranéenne, tant en Europe qu'en Afrique ;
or, tandis que dans l'Italie du Nord et dans l'Europe centrale, spécialement en Hongrie et en Serbie, on trouve des
Porcs très hauts et très lourds, d'une taille de 1^m15 et d'un
poids de 200 kilogrammes, en Sardaigne, on en rencontre
de 0^m60 et de 35 kilogrammes ; en Thessalie, c'est encore
pis. La clef de ces différences est dans l'alimentation
Distribuée *larga manu* par les Hongrois et les Serbes qui
ont grand soin de leurs animaux, elle l'est parcimonieuse-
ment par les Sardes et surtout les Grecs qui laissent leurs
bêtes s'alimenter comme elles peuvent.

On peut obtenir des porcs monstrueux par le volume et le
poids. Les Romains le savaient, ils abattaient des sujets
pesant 500 kilogrammes. Ce n'est pas le maximum qu'il

est possible d'atteindre, car, au début de ce siècle, Viborg signala un Cochon anglais pesant 637 kilogrammes, et tout récemment, en Amérique, on en exhiba un dont le poids était de 661 kilogrammes, la taille de $1^{m}22$ et la longueur du corps de $2^{m}50$.

Frappé de ces faits, je voulus contrôler expérimentalement l'influence de la nourriture sur le Porc et j'ai poursuivi, en 1896, la très simple expérience suivante :

Un porcelet de trois mois, en excellente santé est soumis à un régime strictement d'entretien pendant trois mois et demi. Au début de l'expérience, il pèse 17 kilogrammes; à la fin, 19.

Sa taille de début était de 40 centimètres, à la fin elle était de 41 centimètres. Sa croissance avait donc été arrêtée.

On lui donne alors un régime alimentaire intensif.

En quatre mois, il gagne 50 kilogrammes, et de 41 centimètres de taille il arrive à 70.

Tête. — Lorsqu'on compare, ainsi qu'on peut le faire à l'aide des figures 11, 12, 13 et 14, des têtes osseuses de Suidés, on voit une suite de modifications ininterrompues qui aboutissent au raccourcissement général de l'organe, à son élargissement et à la formation d'un angle fronto-nasal à sinus de plus en plus petit par suite du redressement de la partie crânienne. Ce redressement modifie la forme des orbites et surtout la situation du trou auditif ; les surfaces articulaires des condyles occipitaux sont changées également. Le raccourcissement de la tête impose une brièveté plus grande des barres et parfois une non-concordance des incisives supérieures avec les inférieures.

Les indices de la tête dans son ensemble, de la face et du nez, relevés sur le Sanglier et sur une série de races porcines, montrent une marche graduelle, continue dans le même

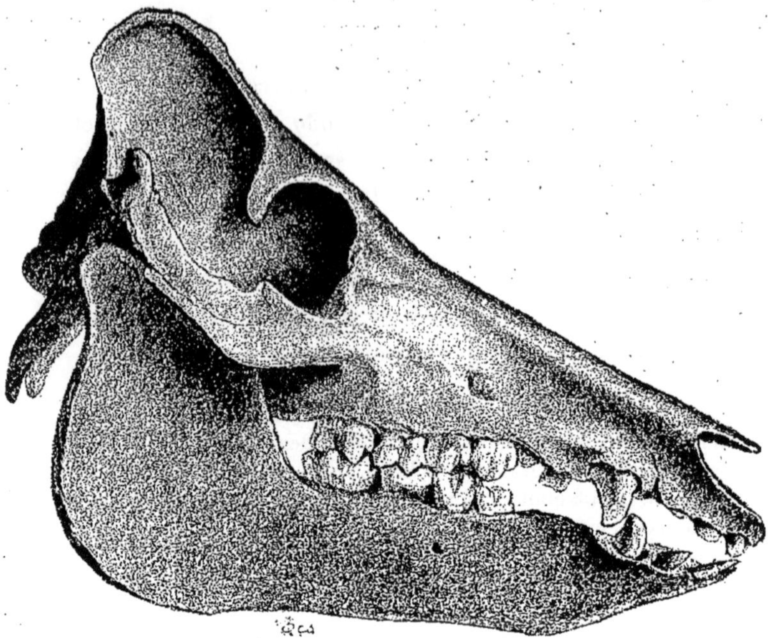

Fig. 11. — Tête d'un Cochon napolitain âgé de 15 mois.

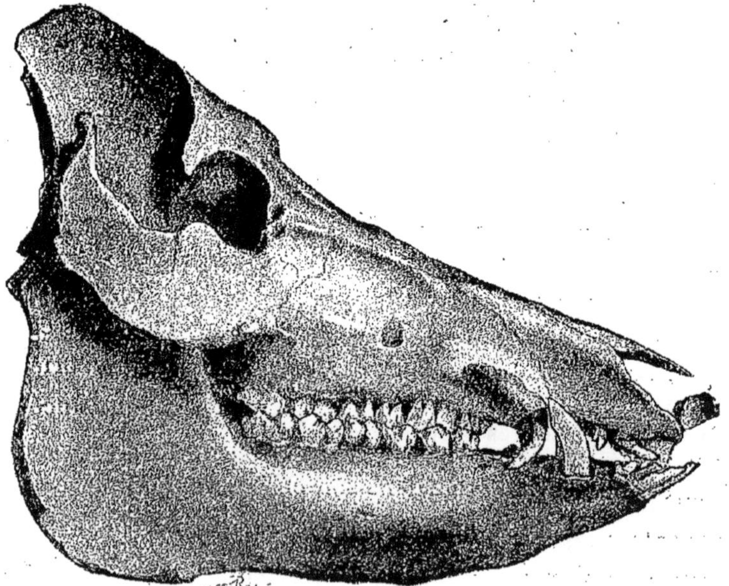

Fig. 12. — Tête d'un Cochon berkshire âgé de 31 mois.

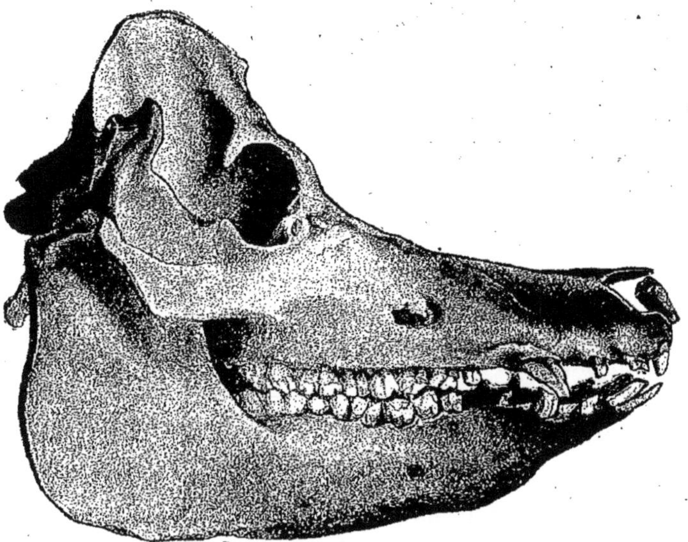

FIG. 13. — Tête d'une Truie craonnaise âgée de 3 ans.

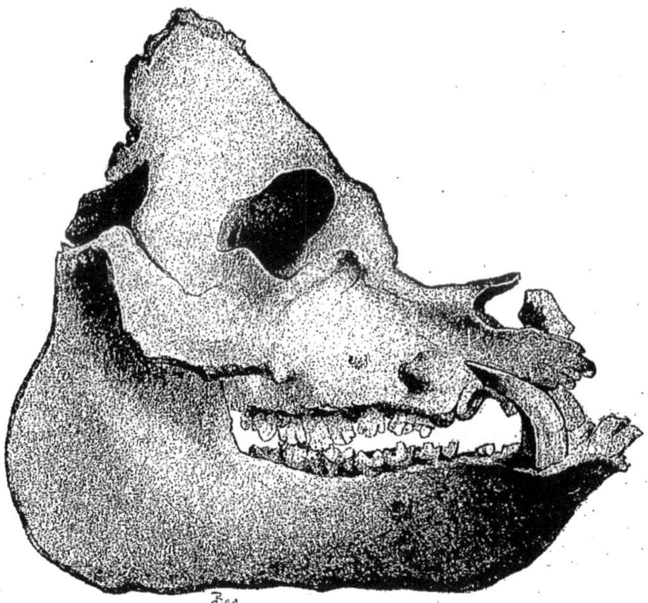

FIG. 14. — Tête d'un vieux Verrat yorkshire.

sens, une évolution de l'organisme porcin qui, de la forme allongée au point de départ, le conduit à des formes très courtes. Le tableau ci-dessous met ce fait en lumière :

	LAIE d'Europe	TRUIES					
		Napoli-taine	Chi-noise	Craon-naise	d'York	d'Essex	New-Lei-cester
Indice céphalique . .	37	45	6o	56	58	63	64
— facial	48	54	47	64	72	83	86
— nasal	20	22	23	27	34	3o	36

Il est non moins curieux de voir que le sens des modifications subies par le groupe **Sus,** dans son ensemble, se retrouve dans chaque race en particulier quand on la place dans des conditions déterminées. Un marcassin enlevé tout jeune à sa forêt et élevé en stabulation permanente, à trois ans, n'a point la tête aussi allongée que ses congénères restés sauvages ; l'angle crano-facial commence à se dessiner chez lui. Il est bien connu parmi les éleveurs de craonnais que les Porcs de cette race, conservés en porcherie et nourris intensivement, éprouvent un raccourcissement graduel du groin, et au bout de quelques générations les indices facial et nasal ne sont plus les mêmes que sur le craonnais allant aux champs. Dans la race dite Romanique, le Porc élevé à l'antique a le groin du Sanglier, et ce groin peut même s'effiler d'une façon excessive ; cela se voit en Roumanie. Le même Porc, entretenu en stabulation, prend une tête plus brève, tout en conservant son profil.

Devenus marrons, les Porcs s'allongent et leur tête tend à la forme de celle du sanglier.

On peut d'ailleurs s'abriter sous l'autorité de Nathusius et, antérieurement, de Blainville qui écrivait que la crête occipitale de deux crânes de Porcs patagons, envoyés par Al. d'Orbigny, est identique à celle du Sanglier, et un Porc de l'Amérique du Nord vivant en marron ressemblait tout à fait au Sanglier[1].

Cette convergence des caractères sous les mêmes influences, remarquée également par les éleveurs et par les naturalistes, fait penser que les races diverses du groupe ne sont vraiment que des stades où se sont arrêtées et fixées temporairement des conformations, capables de se modifier quand les conditions d'alimentation et d'exercice se modifient.

Les variations morphologiques de la tête s'expliquent en partie par les deux causes suivantes :

1° Il n'y a pas de ligament cervical pour soutenir la tête des Suidés ; il est remplacé par un raphé fibreux superficiel allant de l'occipital à l'apophyse épineuse de la première dorsale, et les muscles agissent directement sur la tête. Or, le ligament cervical est une puissance permanente chargée de faire équilibre au poids de la tête ; d'autre part, les Suidés se servent précisément de la tête pour fouiller la terre et y chercher leur nourriture, d'où action directe et vigoureuse des muscles grand complexus, splenius, petit oblique de la tête et droit postérieur sur elle et attirement de celle-ci. Si, par l'intervention de l'Homme, les Porcins sont soustraits à la nécessité de fouiller, s'ils trouvent chaque jour devant eux une auge pleine d'aliments, l'action des muscles précités n'a plus à s'exercer et la tête n'a plus à subir de traction en arrière, d'où une première cause de modification. Pour la même raison, le groin, n'ayant plus à ouvrir le sol, subit le

[1] De Blainville, *Ostéographie des Mammifères*, p. 132.

sort de tout organe qui ne fonctionne plus, il s'atrophie. Attaquée en arrière et en avant par ces deux causes, la tête des Porcs subit fatalement des modifications profondes qui s'accentuent dans la suite des générations.

2° Dans les Mammifères comestibles, une alimentation intensive amenant la précocité, c'est-à-dire une soudure hâtée des sutures céphaliques, provoque un raccourcissement de la tête, particulièrement dans sa partie faciale. Le fait a été démontré pour la race bovine de Durham. Il est non moins prononcé dans les Porcs et il peut aller jusqu'à provoquer le nâtisme (fig. 14).

Mais ces deux causes n'expliquent pas tout, car autrement le nombre des dispositions céphaliques serait plus réduit qu'il ne l'est. Il y a donc quelque autre condition causale qui nous échappe et qui, entre les formes extrêmes, intercale des états intermédiaires. Les cristallographes qui opèrent sur la matière inerte ne connaissent pas non plus toutes les influences qui modifient les arrangements moléculaires et rendent dimorphes certains cristaux. Toutes les lois géométriques du groupement de la matière ne sont pas dégagées.

Peau et phanères. — Suivant que le Cochon vit constamment ou à peu près constamment au dehors ou au contraire qu'il est entretenu en stabulation permanente, il a la peau épaisse dans le premier cas, plus mince dans le second. En outre, le tégument éprouve, chez les mâles, un épaisissement considérable débutant à l'épaule et s'étendant peu à peu, véritable sclérodermie avec chute des poils et crevassement comme chez les grands Pachydermes. Il peut également se plisser, soit sur le corps, soit tout spécialement dans la région faciale.

La disparition graduelle des pendeloques situées au point de jonction de la mandibule et du cou (fig. 15) est à signaler : ces appendices, longs de 5 à 8 centimètres, à scutelle cartilagineuse, couverts de soies, étaient, paraît-il, communs autrefois. Ils sont une rareté sur les Porcs européens.

On les trouve encore de temps à autre sur les Porcs africains vivant dans la brousse. Leur disparition ne s'explique d'ailleurs pas mieux que leur présence et leur rôle.

Fig. 15. — Porc africain à pendeloques[1].

Ces appendices se montrent aussi sur les chèvres et les moutons. Diverses interprétations ont été émises sur leur nature. Wilde les considère comme de petites oreilles surnuméraires ; M. Blanc, qui en a fait l'étude anatomo-histologique, les regarde comme des rudiments « d'oreilles branchiales, homologues du pavillon auditif et développées sur l'orifice de la seconde fente[2] ».

---

[1] D'après Ch. Darwin, *De la variation des animaux*, t. I, fig. 4.
Blanc, Les pendeloques et le canal du soyon *(Journal de l'Anatomie et de la Physiologie*, p. 283 et suiv., 1897).

L'abondance, le tassé, la direction, les dimensions et les couleurs des soies varient passablement.

Le Sanglier occidental a des soies très grossières, tassées, entre lesquelles se trouve, pour l'hiver, un sous-poil analogue à celui des Chiens des pays septentrionaux et des chèvres himalayennes ; la quantité de ce sous-poil diminue d'année en année, si l'animal a été pris très jeune et élevé en stabulation, et, à ce point de vue il se rapproche de plus en plus du Porc domestique. Inversement celui-ci, entretenu librement dans les fourrés de lentisques et de tuyas de la Tunisie, dans les forêts de chênes-liège de l'Algérie, se revêt d'un pelage qui rappelle celui du Sanglier et dont il a besoin surtout pour se préserver des blessures par les arbustes. Vit-il dans des climats chauds et humides, ses soies deviennent plus rares et plus douces, c'est le cas des Porcs de la Jamaïque, de l'Indo-Chine et surtout de la Réunion où elles « sont si douces qu'on caresse ces animaux à la façon des chats » (Pelagaud).

Bref, entre les diverses races de Porcs, le diamètre des soies oscille de 12 à 25 centièmes de millimètre, abstraction faite du sous-poil dont la finesse arrive à 4 centièmes de millimètre.

Bien qu'elles soient habituellement rigides, les soies peuvent friser ; la race de Mangalizca en offre un bel exemple. On remarquera que cette frisure des phanères s'accomplit précisément dans la région danubienne, où les Oies elles-mêmes subissent dans leur plumage la même modification. On songe à une influence climatérique.

La coloration de la peau et des phanères n'est pas très variée dans les formes domestiques et dans les formes sauvages ; elle va du noir au blanc, en passant par le gris, le

pie, le rouge, le roux et le jaunâtre. Il semble bien y avoir
un rapport entre la pigmentation et la longueur des soies ;
dans les races à pigment, les soies restent plus courtes que
dans les races blanches.

Les marcassins, en Europe, en Asie et en Afrique, ont,
jusqu'à l'âge de cinq à six mois, une livrée spéciale, leur
corps est zébré de bandes noirâtres avec intercalation de
bandes longitudinales claires. Cette livrée a été présentée
comme un argument contre la parenté du Porc et du Sanglier,
car dans l'Europe occidentale, on ne voit pas les porcelets
ainsi colorés. Mais dans les régions danubiennes et en
Tunisie, j'ai vu des truies mettre bas des porcelets avec la
livrée des marcassins. Livingstone a constaté le même fait
sur les Porcs entretenus dans les établissements du Zambèse,
et Roulin, Gosse et H. Simth ont observé que les Porcs re-
devenus sauvages à la Jamaïque et à la Nouvelle-Grenade
produisent des rejetons zébrés et rappelant le marcassin.
Les porcelets siamois sont également zébrés.

Tous ces faits permettent de conclure que la zébrure fut la
livrée primitive des jeunes Suidés et qu'elle a disparu sous
l'influence de la domestication et surtout de la stabulation.

Membres. — Les membres sont ou harmoniques avec le
tronc, c'est-à-dire allongés si le type est dolichomorphe et
courts s'il est brachymorphe, ou dysharmoniques, comme
dans les Cochons bassets, dont le petit Yorkshire est le type
et dont les membres sont très brefs pour un tronc allongé.

Les membres du Porc sont généralement harmoniques
avec la tête, comme l'a judicieusement observé M. Baron[1],

[1] Baron, De l'appréciation du Porc *(Journal de médecine vétérinaire et de zootechnie,* juin 1896).

c'est-à-dire longs et effilés aux extrémités lorsque la tête est allongée et le groin pointu, courts et relativement larges quand la tête est raccourcie. L'architecture du tronc est parfois tout l'opposé de celle de la tête et des membres, parce que les facteurs de son développement provoquent, en vertu de la loi de balancement organique, un mouvement de réaction sur la tête et les membres.

Mais ce qui démontre mieux que tout le reste la malléabilité des Suidés et fait penser que leur organisme est encore en voie d'évolution, c'est la soudure des doigts qui caractérise une race en création. On a très justement fait remarquer qu'elle se forme au détriment d'une autre dont les extrémités sont fines et pointues au maximum[1], de sorte que la monodactylie de celle-ci semble n'être que la continuation de l'acroleptosisme de celle-là et son achèvement. Cette conséquence de l'amorcement ne se présente avec cette puissance et cette netteté dans aucune autre espèce domestique.

Intestins et mamelles. — Très variable est le nombre des mamelles ; il oscille de 8 à 15. Cette variabilité s'explique par la différence dans la longueur du tronc lui-même et parce qu'il s'agit d'organes en série.

On constate des différences énormes en longueur et en capacité dans les intestins, non seulement en comparant les formes sauvages aux formes domestiques, mais même en restreignant la comparaison à celles-ci. Ces différences ne sont point particulières à l'espèce porcine ; elles résultent avant tout du régime, et nous en avons déjà constaté de

---

[1] Dechambre, Sur les Porcs syndactyles (*Journal de médecine vétérinaire et de zootechnie*, février 1892).

semblables en mettant en parallèle le Lapin de garenne et les diverses races cuniculines entretenues en stabulation[1].

Nous avons recherché à quoi peut être attribuée la grande malléabilité de l'organisme des Suidés.

Elle nous paraît être avant tout la conséquence du processus de l'ossification. Il se fait d'une façon particulière dans le groupe des Porcs. Non seulement il n'y a aucun rapport entre l'éruption des dernières dents permanentes et la soudure des dernières épiphyses avec les diaphyses, mais *l'achèvement de l'ossification ne se fait qu'à une époque tardive chez les Porcs*. Nous avons trouvé des Cochons âgés de huit ans dont plusieurs os longs des membres n'avaient pas les épiphyses soudées à la diaphyse. Ce fait explique les variations de taille suivant le régime et les conditions d'entretien.

V. Variations numériques de la colonne vertébrale.

Un des faits les mieux connus et les plus fréquemment rencontrés par les anatomistes est la variabilité du nombre des vertèbres dans une même espèce. L'Homme, le Cheval, l'Ane, le Bœuf, le Mouton, le Porc, le Chien en ont fourni et en fournissent journellement des exemples, mais nulle part ces variations ne sont aussi nombreuses et aussi étendues que sur les Suidés. Aussi les partisans de la pluralité des espèces du genre *Sus* se sont-ils appuyés sur ce caractère comme sur l'un des meilleurs pour leurs distinctions spéci-

---

[1] Cornevin, *Traité de Zootechnie spéciale, les Petits Mammifères*, Paris, 1897.

fiques. Mais la variation est telle, que son étendue et sa fréquence portent immédiatement à douter de sa valeur.

Nous avons étudié ce point de très près avec M. Lesbre, et nous allons exposer le résultat de nos recherches[1].

La formule vertébrale ordinaire des Porcs est :

7 cervicales, 14 ou 15 dorsales, 6 ou 7 lombaires, 4 sacrées, 21 à 23 coccygiennes.

Voici des observations de variations :

1° *Coccyx*. — Buffon dit avoir trouvé 17 coccygiennes au Porc commun, Cuvier 23, Goubaux 21 à 23, Leyh 16 à 18, Rigot 14 à 16, Blasius 24, Franck et Martin 20 à 26. Le nombre le plus fréquent trouvé par nous est de 21 à 23.

2° *Sacrum*. — Eyton, cité par Darwin, a trouvé 5 sacrées sur un Porc anglais et une Truie africaine, 4 chez un Cochon ordinaire et un chinois. Buffon donne aussi le nombre 4 pour le Porc commun, le siamois et le Sanglier. De Blainville attribue 6 sacrées au Cochon domestique, mais le nombre 4 est celui que nous avons observé généralement.

3° *Région lombaire*. — Girard, Rigot, Goubaux attribuent 7 lombaires au Porc, MM. Chauveau et Arloing[2] 6 ou 7, mais le plus souvent 6 ; Leyh ordinairement 7, assez souvent 6 et exceptionnellement 5 ; Franck et Martin 6 ou 7, parfois 8 ou 5 ; Cuvier et de Blainville 5, Buffon 6, Eyton 6 chez un Verrat anglais et une Truie africaine, 4 sur un chinois et 5 sur un Cochon commun. Vit-on jamais plus grande divergence, puisqu'elle s'étend du simple au double, de 4 à 8 ?

---

[1] Cornevin et Lesbre, Mémoire sur les variations numériques de la colonne vertébrale et des côtes chez les Mammifères domestiques (*Bulletin de la Société centrale vétérinaire*).

[2] Chauveau et Arloing, *Traité d'Anatomie comparée des Animaux domestiques*, 4ᵉ édition, Paris, 1889.

Si nous mettons de côté les chiffres extrêmes, 4 et 8, que nous n'avons pas rencontrés, tous les autres se sont présentés à notre observation.

4° *Région dorsale.* — Sur 18 sujets étudiés par nous, 10 avaient 15 vertèbres dorsales et 8 n'en avaient que 14. D'après les indications de Buffon, Cuvier, de Blainville, Goubaux, Rigot, Girard, Chauveau et Arloing, il semble que le chiffre 14 soit plus fréquent que l'indique notre statistique, car ces auteurs le donnent comme ordinaire. Suivant Leyh, Franck et Martin, le nombre de vertèbres dorsales et de côtes chez le Porc serait susceptible de monter exceptionnellement à 16 et même à 17 ; nous n'en avons jamais trouvé plus de 15 et, avec ce nombre, 5, 6 ou 7 lombaires. Eyton parle d'un Porc africain qui n'avait que 13 dorsales et 6 lombaires.

En résumé, nous avons observé nous-même sur 18 individus les formules présacrées suivantes :

RACES	VERTÈBRES		
	Cervicales	Dorsales	Lombaires
Commune à oreilles pendantes. .	7	15	6
Id. id. . .	7	14	6
Id. id. . .	7	14	7
Napolitaine.	7	15	6
Id.	7	15	6
Mangalizca.	7	15	6
Yorkshire	7	15	6
Berkshire	7	14	6
Id.	7	15	5
Essex.	7	14	6
Id.	7	15	5
Japonaise.	7	14	5
Indéterminée.	7	14	6
Id.	7	15	6
Id.	7	15	7
Id.	7	15	7
Id.	7	14	7
Id.	7	14	6

Dans les collections de Rhode, de Berlin, se trouvent [1] :

Deux squelettes d'Yorkshire à 14 dorsales et 6 lombaires
Quatre   —   —   — 15   —   6   —
Un   —   —   — 14   —   7   —
Un   —   de Berkshire — 15   —   6   —
Un   —   de Suffolk   — 15   —   6   —
Un   —   de Masqué — 14   —   5   —
Un   —   de Papouan — 14   —   5   —
Un   —   de Chinois [2] — 13   —   6   —
Un   —   —   — 14   —   6   —

Flower nous apprend qu'au Collège des chirurgiens de Londres on voit :

Un squelette de Cochon domestique à 14 dorsales et 5 lombaires.
Quatre —   —   —   — 14   —   6   —
Un   —   —   — 14   —   7   —
Un   —   —   — 15   —   6   —

Les formules précédentes sont au nombre de 7, à savoir, par ordre de gradation :

Cervicales	Dorsales	Lombaires	Total des vertèbres pré-sacrées
7	13	6	26
7	14	5	26
7	14	6	27
7	15	5	27
7	14	7	28
7	15	6	28
7	15	7	29

Et, à en juger par les indications d'auteurs dignes de foi,

[1] Rhode, *Schweininezucht*, vierte Auflage, Berlin, 1892.
[2] Cet animal présentait une côte rudimentaire à l'extrémité des apophyses transverses de la 1re vertèbre lombaire.

nous ne doutons pas qu'on puisse ajouter à ces formules les
suivantes :

Cervicales	Dorsales	Lombaires	Total des vertèbres pré-sacrées
7	15	4	26
7	13	7	27
7	16	4	27
7	16	5	28
7	16	6	29

Une pareille multiplicité dans les variations impose la
conviction qu'on ne peut et qu'on ne doit faire aucun fond
sur la formule vertébrale pour la distinction d'espèces et
même de races porcines ; puisque la fixité manque, il n'y a
là caractère ni spécifique, ni ethnique, mais un témoignage
de l'extrême malléabilité de l'organisme porcin.

Au lieu d'admettre cette malléabilité considérable comme
une caractéristique de l'espèce porcine et d'en rechercher,
dans la mesure où cela est possible, le déterminisme, M. Sanson a trouvé plus simple d'affirmer qu'il y a plusieurs espèces
de Cochons, dont l'une, qu'il appelle *occidentale*, a toujours
6 vertèbres lombaires, et l'autre, la *chinoise* ou *siamoise*,
seulement 4 [1]. Un coup d'œil jeté sur les tableaux précédents
montre l'inanité de ces affirmations.

VI. Résultats des accouplements entre les diverses formes de Suidés.

Les auteurs anciens et modernes signalent l'accouplement
du Sanglier et de la Truie.

[1] Sanson, Sur l'opinion d'I. Geoffroy Saint-Hilaire au sujet de
l'origine des Cochons domestiques (*C. R.*, t. LXIII, p. 929).

Les premiers, Pline en particulier, le présentent comme une chose si spontanée et si fréquente, qu'elle était considérée par eux comme normale. Dans leur pensée, ce n'étaient point deux espèces qui s'unissaient, mais des représentants d'un même groupe, les uns sauvages, les autres domestiques, qui procréaient ensemble.

Parmi les modernes, les zoologistes les plus autorisés parlent de l'accouplement du Sanglier et de la Truie, et ils affirment la fécondité des produits obtenus. Buffon dit que le Sanglier et les Cochons produisent ensemble des individus « qui en produisent d'autres [1] ».

D. Low traite de l'accouplement du Sanglier et des Cochons et de l'obtention de sujets féconds comme d'une notion courante en Angleterre. Après avoir écrit que le Sanglier s'accouple fructueusement avec toutes les sortes de Porcs et donne des produits aussi féconds que leurs père et mère, il signale la probabilité de l'intervention du Sanglier dans la formation de la race de Berkshire, et il ajoute : « On est revenu, dans ces derniers temps, aux croisements avec les Sangliers, sur une certaine échelle, comme moyen d'améliorer la qualité de la viande en mêlant plus étroitement le maigre avec le lard. »

Viborg [2] présente l'accouplement du Cochon avec le Sanglier en Norvège, en Suède et en Danemark, comme une chose ordinaire, courante, d'où résultent des produits parfaitement féconds, qui forment une race, la suédoise mi-sauvage.

D. Cautemir dit que les Sangliers fécondent « en masse »

---

[1] Buffon, *Histoire naturelle*, t. IX, édition de 1758, page 130.
[2] Viborg, *le Porc*, 1804.

les Truies qui paissent dans les marécages des bords du Dniester, et que les caractères spéciaux de ces animaux se perpétuent dans la descendance qui forme race.

Burdach raconte que le Sanglier et la Truie s'unissent et donnent naissance à des individus indéfiniment féconds [1].

Nathusius donne la même affirmation pour les Porcs et les Sangliers de l'Hindoustan [2], et le fait a été vérifié pour l'Afrique [3].

Plus récemment, M. E. Thierry a rapporté avoir obtenu des produits, à l'École d'agriculture de la Brosse (Yonne), en faisant accoupler une Truie bressane et un jeune mâle métis, issu de l'union d'un Sanglier pris jeune dans les forêts de la Bourgogne et d'une Truie bourbonnaise.

Enfin nous-même avons vu dans le massif de Zaghouan (Tunisie), des produits résultant de l'union spontanée de Sangliers et de Truies domestiques, produits féconds que plusieurs colons préfèrent aux Cochons domestiqués depuis longtemps, parce qu'ils sont plus vifs, cherchent mieux leur nourriture dans la brousse et se défendent mieux contre les carnassiers.

D'ailleurs, dans mes voyages en Orient et en Afrique, je n'ai pas entendu une seule des personnes que j'interrogeai, me parler de la stérilité unilatérale ou bilatérale des produits issus du Sanglier et du Porc ; toutes me les ont présentés comme des métis. J'ai fait sur ce point une enquête d'autant plus minutieuse qu'à notre ferme expérimentale, dans mes essais d'union entre laies et verrats de diverses

[1] Burdach, *Traité de physiologie*, trad. française, Paris, 1838, in-8, t. II, page 182.
[2] Nathusius, *Schweineschädel*, p. 148.
[3] *Bulletin de la Société d'acclimatation*, t. IV, p. 389.

races, je n'ai pas obtenu de produits. Je dirai, à ce propos, qu'ayant adressé un questionnaire à des personnes qu'on avait bien voulu m'indiquer comme pratiquant l'union de Sangliers et des Cochons domestiques, plusieurs m'ont répondu que le croisement entre Sanglier et Truie se fait spontanément, sans difficultés et réussit à peu près à chaque tentative, tandis que l'opération inverse, union de la Laie avec le Verrat ou Cochon domestique, est plus aléatoire et qu'il y a plus rarement fécondation.

Il est d'ailleurs bien connu des chasseurs et de beaucoup de fermiers des régions boisées de mon pays natal, l'Est, que le meilleur moyen de faire sortir un solitaire de sa bauge et de l'abattre à l'affût est de placer une Truie en chaleur à la lisière du bois.

La plupart de ceux qui s'occupent de ces questions ne font que du croisement de première génération, de façon à avoir des bêtes mi-sauvages à chasser, ou bien des animaux fournissant une viande spéciale hautement cotée. Il en est qui vont plus loin et poursuivent le métissage. M. Dupressoir, de Choisy-la-Victoire (Aisne), est du nombre, et il m'a affirmé que les produits sont des métis « qui se reproduisent très facilement[1] ».

Des opérations de même ordre ont été poursuivies entre *S. leucomystax* et plusieurs races porcines, à la ferme d'application de l'École vétérinaire, par M. Caubet. Il y a eu fécondation et production de sujets féconds tant du côté des mâles que du côté des femelles. Mais ce n'est pas une opération à conseiller, car les petites dimensions de la Truie

---

[1] Lettre du 1er avril 1897.

d'Extrême-Orient sont un obstacle à sa parturition quand elle a été fécondée par des Verrats d'Europe.

Nathusius a fait les mêmes expériences avec *S. pliciceps* ou Cochon masqué et donné les mêmes preuves pour la fécondité des métis.

Enfin tout le monde sait que les Cochons de l'Indo-Chine et de la Chine, qui constituent des races si distinctes de celles de l'Europe, s'accouplent avec celles-ci et donnent également des sujets indéfiniment féconds avec lesquels on a créé quelques-unes des races porcines actuelles les plus estimées.

En résumé, toutes les formes porcines, tant sauvages que domestiques, si différentes qu'elles soient morphologiquement, sont fécondes entre elles et donnent non des hybrides, mais des métis.

VII. Conclusions

I. De par le critère physiologique, il n'y a dans le genre *Sus*, abstraction faite de *S. verrucosus* et *S. barbatus*, sur lesquels nous manquons de documents, qu'une seule espèce.

II. En raison de l'immensité de son aire de dispersion, et surtout de son étonnante malléabilité, cette espèce a subi très fortement l'influence des milieux et des conditions alimentaires, mais les variations anatomiques et morphologiques ne sont que d'ordre ethnique.

III. Ces variations s'étant montrées sur les formes sauvages tout comme sur les domestiques, avaient amené quelques zoologistes à faire plusieurs espèces de Sangliers;

aussi abusivement qu'on avait établi plusieurs espèces de Cochons domestiques.

IV. Ces formes sauvages sont les souches des formes domestiques.

V. Autant qu'on puisse se former une opinion sur l'origine des groupes, il y a des probabilités pour que la souche première de tous les Cochons et Sangliers soit *S. Indicus* Nath., ou en termes plus courants, le Sanglier d'Asie. Les découvertes des paléontologistes imposent cette conclusion.

C'est également celle à laquelle Buffon, Cuvier, Geoffroy Saint-Hilaire, Nathusius, Karl Vogt ont abouti. « Quoique les Suidés diffèrent par quelques marques extérieures, disait Buffon, peut-être aussi par quelques habitudes, comme ces différences ne sont pas essentielles, qu'elles sont seulement relatives à leur condition, qu'enfin ils produisent ensemble des individus qui en produisent d'autres, *caractère qui constitue l'unité et la constance de l'espèce*, nous n'avons pas dû les séparer [1]. »

On a fait remarquer, pour opposer les deux opinions l'une à l'autre, que Cuvier considérait le Cochon domestique comme descendant du Sanglier d'Europe, tandis que Is. Geoffroy Saint-Hilaire écrivait que « nos Sangliers d'Europe, ne sont pas les pères des Cochons de l'Asie et de l'Égypte; ce sont, au contraire, les Cochons d'Europe qui descendent des Sangliers d'Asie [2] ». Au fond, cette dissidence

---

[1] Buffon, *op. cit.*, p. 130.

[2] Is. Geoffroy-Saint-Hilaire, *Histoire naturelle des règnes organiques*, t. III, p. 82.

n'a pas d'importance, puisqu'il n'y a qu'une espèce de Porcs. Mais il est curieux de constater que, en s'appuyant sur des documents relatifs à la domestication et à la linguistique, Is. Geoffroy Saint-Hilaire soit arrivé à une conclusion que les recherches paléontologiques ont confirmée de plus en plus, en montrant la supériorité numérique des débris du *S. Indicus* dans les stations européennes.

CHAPITRE II

DISTRIBUTION GÉOGRAPHIQUE DU PORC
PARTICULARITÉS PHYSIOLOGIQUES
CONDITIONS ÉCONOMIQUES D'EXPLOITATION

I. Distribution géographique.

L'abondance et la pullulation des Cochons, tant sauvages, que domestiques, dans les contrées chaudes et marécageuses et leur raréfaction dans les pays froids, font penser que le point de départ de l'espèce fut dans la zone chaude.

On rencontre le Porc à l'équateur, mais il ne dépasse pas actuellement au nord le 63° degré de latitude et il ne semble avoir atteint cette limite que peu à peu. En effet, il n'existe pas encore en Islande, et lors de fouilles récentes, effectuées aux Féroë par l'archéologue Bruun dans des temples païens datant du x⁰ siècle, il n'a été trouvé que des restes de Chevaux, de Bœufs et de Moutons offerts en sacrifices aux divinités par les autochtones et peut-être aussi par les Northmanns qui les visitaient, mais pas de vestiges de Porcs. Les peuples de ces îles n'en possédaient pas, et on doit se demander si les Northmanns connaissaient cet animal ou si, le connaissant, ils n'avaient pas les préjugés des Orientaux et ne le considéraient point comme un animal impur.

Il n'existe pas dans le bassin de la Petchora, et les Zyrianes, qui ont Chevaux, Vaches et Moutons, ne le possèdent pas [1].

Bien que cet animal soit défendu contre le froid par une épaisse couche de graisse, comme les Mammifères polaires, le climat de la zone glaciale ne lui convient pas ; Buffon, employant une expression qui lui était familière, disait que l'espèce dégénérait dans ces contrées. Par contre, dans les pays chauds et même pestilentiels, le Porc pullule.

Ainsi au Dahomey, tant sur le rivage que dans la région marécageuse qui va de Kotono à Wyddah, on en trouve des bandes, en quête des résidus provenant de l'extraction de l'huile de palme.

A Madagascar, les Hovas en ont des quantités, tandis que les Sakalaves tiennent cet animal comme impur et ne l'élèvent ni ne le consomment. Il réussit à merveille dans les îles de la mer des Indes, Bourbon, la Réunion et autres. Il est également très élevé par les colons dans toutes les possessions françaises de l'Afrique septentrionale.

En Indo-Chine, en Chine et en Mandchourie, le nombre des Porcs est incroyable ; les Annamites et les Chinois font une très grande consommation de sa chair. On le trouve encore à Irkoutsk (Sibérie russe [2]), mais il ne monte guère plus haut. Avant l'ouverture du Japon à l'influence européenne (1868), il ne comptait pas parmi les animaux domestiques des Japonais ; le peu qu'on en consommait était tiré de la Chine [3].

---

[1] Ch. Rabot, Exploration de la Russie boréale *(Tour du monde, année 1892)*.

[2] Vapereau, De Pékin à Paris *(Tour du monde, 2ᵉ semestre, p. 218, 1894)*.

[3] Remy, Au Japon *(Gazette médicale, p. 97, 1884)*.

Les religions mahométane et juive prohibant l'usage de la viande de Porc, dans les pays où la foi religieuse est très vive, on n'en rencontre pas ; c'est le cas pour la Perse. Le fait frappe le voyageur même le plus distrait. Dans les autres pays mahométans, la prohibition n'est pas aussi absolue.

Le porc est très abondant dans la Papouasie et spécialement en Nouvelle-Guinée ; cette abondance est telle que les indigènes ne prennent pas la peine de l'élever, en trouvant toujours à leur disposition quand ils en ont besoin.

Le Cochon n'existait point en Amérique lors de la découverte. Mais, importé dans ce pays, il s'y est acclimaté sans difficultés et s'y est multiplié dans de telles proportions que la population est insuffisante à consommer la totalité de la production et que les salaisons américaines ont pris le chemin de l'Europe.

L'Amérique du Nord, tout particulièrement dans les États voisins des grands lacs, le Wisconsin, l'Iowa, l'Illinois, l'Ohio et le Minnesota, où le maïs croît avec une étonnante vigueur, élève d'énormes quantités de Porcs.

L'Amérique du Sud entretient, dans ses pampas, des Bœufs, des Chevaux et des Moutons plutôt que des Porcs.

En Europe, les régions danubiennes sont les plus grands centres pour la production du Porc. La Serbie est le pays où la quantité de Cochons entretenus et engraissés, proportionnellement à la superficie du sol et à la population humaine, est la plus élevée. La Hongrie la suit de près et c'est elle qui possède à Kœbeneya le plus grand marché de Porcs, capable de rivaliser avec ceux de Chicago et de Cincinnati ; j'en ai fait ailleurs la description[1]. Une forte proportion de ces animaux est dirigée en Allemagne pour l'alimentation. Le pays le plus sec de l'Europe, la Grèce, est le plus pauvre en Porcs et possède les plus chétifs.

La sorte et la qualité des Porcs diffèrent beaucoup suivant les régions; l'Angleterre et la Hongrie sont les pays où l'on trouve les plus perfectionnés à l'heure présente.

II. **Particularités physiologiques.**

Plusieurs particularités physiologiques des Cochons ont une importance spéciale pour l'élevage et l'exploitation de ces animaux. Celles dont nous voulons parler ont trait à la digestion, à l'assimilation, à la respiration, au sens de l'odorat, à l'éducabilité, à la fécondité, à la résistance spéciale vis-à-vis de quelques venins, virus et poisons, à la susceptibilité pour d'autres.

Disons d'abord que l'usage a fait donner aux Porcins domestiques des noms spéciaux suivant leur sexe, leur état physiologique et leur âge. Les mâles sont appelés *Verrats,* les femelles *Truies,* les jeunes portent le nom de *Porcelets, Gorets* ou *Cochonnets,* les adultes émasculés celui de *Porcs, Pourceaux* ou *Cochons.*

L'appétit du Porc est considérable, et, comme il s'agit d'un omnivore, on parle de voracité. Sa puissance digestive est à la hauteur de son appétit. Il ne faut pourtant pas oublier que le Porc est monogastrique et, comme tel, il n'est pas conformé pour digérer la cellulose en forte proportion.

---

[1] Cornevin, *Voyage zootechnique dans l'Europe occidentale,* Paris, 1895.

Son coefficient de digestibilité pour les autres matières est fort élevé, c'est l'animal qui, proportionnellement à son poids, gagne le plus à chaque journée de l'engraissement. On arrive à faire gagner 1 kilogramme par jour à un Porc de 60 kilogrammes, soit un gain de 1,66 pour 100.

Par une sorte d'opposition avec cette forte assimilation et avec la rapidité d'accroissement qui en est la conséquence, on rencontre de temps à autre, des sujets qui restent chétifs, s'accroissent fort peu et ne s'engraissent pas, malgré le régime abondant auquel on les soumet et sans qu'on leur découvre aucun symptôme de maladie. Les paysans connaissent cette particularité et ils disent, en parlant de tels animaux, qu'ils sont « noués ». La plupart, mais non pas tous, sont les derniers nés d'une portée. Dans une de mes récentes expériences d'alimentation, j'ai eu le désagrément de tomber sur un de ces sujets, il n'a jamais augmenté de plus de 88 grammes par jour, tandis que ses frères, soumis au même régime, s'accroissaient de 300 grammes.

Il en est de même pour l'engraissement. Au grand établissement de Kœbeneya (Hongrie), on a observé ce fait d'une façon d'autant plus probante qu'on y engraisse environ 200.000 porcs par an et qu'on suit la plupart de ces animaux à l'étal du charcutier. On estime que la proportion en est de 4 pour 100[1]. C'est une circonstance très fâcheuse, mais impossible à prévoir, puisque les animaux en question ne présentent objectivement aucun symptôme qui puisse la faire deviner ni l'expliquer.

Le Cochon a la gueule peu fendue, les narines étroites et,

---

[1] Ch. Cornevin, *Voyage zootechnique dans l'Europe centrale et orientale*, p. 28, Paris, 1895.

sous la peau, une couche de graisse, triple circonstance pour que chez lui la gêne de la respiration se traduise rapidement par des symptômes alarmants. Il se rafraîchit difficilement par la peau, l'évaporation par la sueur étant à peu près nulle et la réfrigération, qui en est la conséquence, n'ayant pas lieu. D'autre part, il ouvre faiblement la gueule et ne tire pas la langue comme le Chien pour se rafraîchir par évaporation pulmonaire exagérée et polypnée, d'où augmentation des chances d'apoplexie.

Aussi le Porc gras ne doit être déplacé qu'avec précaution; les voyages lui sont pénibles et dangereux. Pendant les temps orageux et lourds, on est exposé à en perdre. Les maladies de poitrine prennent facilement chez lui un mauvais caractère.

Son odorat est d'une sensibilité extrême; nous ne pouvons l'apprécier dans son intégralité, car le point de comparaison nous manque. Il est des substances inodores pour nous et qui ne le sont nullement pour lui; il en perçoit l'odeur même de loin. La très simple expérience qui suit le prouve :

Deux porcs sont laissés à la diète toute une journée.

Le lendemain on dépose en dehors de leur loge, sans ouvrir celle-ci, et sans bruit, un vase renfermant des pommes de terre cuites de la veille, broyées, et qui, étant froides, ne répandent pas d'odeur appréciable à l'homme. Immédiatement les porcs s'agitent, grognent, et mordillent leur porte.

On mêle alors à cette pâtée une purée de marrons d'Inde cuits de la veille aussi, broyés et absolument inodores pour le sens de l'homme. Les porcs cessent de s'agiter, on ouvre leur loge et on leur présente le mélange ; malgré leur faim, ils n'y touchent point. L'odorat (et non le goût) les a avertis de la présence dans la pâtée d'une graine vénéneuse pour leur organisme.

On substitue prestement un vase ne contenant que des pommes de terre au précédent, immédiatement les porcs se précipitent et en avalent le contenu.

CORNEVIN, les Porcs. 4

Tout le monde sait le parti qu'on a tiré de cette finesse d'odorat pour la recherche des truffes.

Elle empêche le cochon de s'attaquer à des plantes, racines, fruits ou tubercules vénéneux et, chose digne d'être remarquée, le plus vorace des animaux domestiques est précisément celui qui, malgré son régime, les conditions de sa vie et la façon dont il recherche ses aliments, s'empoisonne le plus rarement. Heureuse opposition qui permet de laisser le porc dans la forêt, la brousse, les marécages, chercher sa nourriture, et place par conséquent son élevage dans des conditions spécialement avantageuses.

Tous les Suidés, sauvages ou domestiques, comptent parmi les animaux qui deviennent le plus rapidement familiers avec l'homme ; jeunes potamochères, petits babiroussas, marcassins et gorets s'apprivoisent sans aucune difficulté ; on peut s'en faire suivre comme de chiens. Passé trois ans, les mâles, à qui des défenses redoutables ont poussé aux mâchoires, cessent d'être sociables.

Le Porc est susceptible d'éducabilité et l'on exhibe depuis quelque temps, dans les cirques et les théâtres forains, des cochons savants qui ne le cèdent pas aux chiens.

La fonction de reproduction a subi des modifications très étendues dans le groupe des Porcins, sous l'influence du changement de vie.

La laie entre en rut au mois de décembre ; fécondée, elle porte environ 125 jours et elle met bas de 3 à 9 petits qu'elle allaite de 3 à 4 mois et qui restent très longtemps avec elle. On a remarqué que les années où les glands et autres fruits des arbres forestiers sont abondants, le nombre des marcassins est plus élevé par portée que dans les années où ces fruits sont rares ; l'influence de la nourriture dans cette espèce, comme dans d'autres, se fait sentir.

La truie peut donner deux portées par an et rien n'est variable comme le nombre des petits obtenus ; il peut osciller de 3 à 24 par mise bas (le chiffre de 24 a été observé par Viborg sur une truie qui fournit 20 portées en onze ans et donna 355 gorets[1]). La fécondité est subordonnée à la race, au procédé de reproduction, à l'état d'amélioration et à l'alimentation. Les races poussées au dernier degré de l'aptitude de l'engraissement sont moins fécondes que les plus rustiques ; le croisement est un auxiliaire de la fécondité, ainsi que l'abondance des aliments. En règle générale, cette fécondité est considérable. Vauban[2] a donné sous le titre bizarre de « la Cochonnerie », le calcul estimatif de la production d'une truie pendant dix ans. Ce calcul lui a montré que, arrivée à sa onzième année et en supposant 6 petits à chaque portée, une truie aurait 6.434.874 descendants.

La durée de la gestation est variable ; les races les plus améliorées sont celles qui portent le moins longtemps. Teissier indique 109 jours comme minimum et 123 jours comme maximum. Fox, cité par Darwin, va de 101 à 116 jours. Les chiffres que j'ai relevés, tant à la ferme paternelle qu'ailleurs, m'ont donné 111 jours comme minimum et 128 comme maximum. Celui que j'ai rencontré le plus communément est 114 jours. Le maximum de 128 jours a été observé une seule fois sur une très vieille truie de la race commune à longues oreilles.

---

[1] Viborg, *op. cit.*, p. 27.
[2] Vauban, *Oisivetés*, t. IV.

Viborg dit avoir remarqué que, au fur et à mesure que la truie vieillit, la durée de sa gestation est plus considérable. La truie d'un an, dit-il, porte 115 jours ; à deux ans, elle porte 118 jours, et celles qui ont dépassé trois ans portent 126 jours.

Il est assez remarquable de lire dans Columelle que « les truies portent 4 mois et mettent bas dans les premiers jours du cinquième mois[1] », soit vers le 124e ou 125e jour, ce qui est précisément la durée de la gestation de la laie. Ainsi aux temps anciens, truie et laie avaient même période de gestation, ce qui appuie l'idée d'origine commune ; les progrès de l'élevage, en modifiant les formes des Porcs, ont abrégé la durée de la vie intra-utérine.

La gestation alourdit énormément la truie ; dans les derniers temps, elle pèse jusqu'à 35 kilogrammes de plus qu'elle ne pèsera après la parturition.

Les Porcins jouissent vis-à vis de la malaria et des affections paludéennes d'une précieuse immunité, ce qui en permet l'élevage dans des régions où la plupart des autres animaux domestiques vivent mal. Sans être absolument réfractaires aux affections charbonneuses, sang de rate et charbon symptomatique, ils sont fort peu exposés à leurs atteintes. En revanche, deux maladies les déciment, le rouget et la pneumo-entérite.

Leur sensibilité pour certains poisons végétaux est grande. La saponine, les graines de cotonnier, un champignon parasite des feuilles de chêne, le *Sclerotium fasciculatum*, les empoisonnent facilement. Certaines moisissures des matières comestibles et spécialement du pain, le sel marin à doses un

---

[1] Columelle, *De Re rustica*, liv. 7, § 9.

peu fortes, déterminent également chez eux une intoxication. Par contre, ils ont peu de sensibilité pour d'autres poisons, la ricine par exemple.

Dans les campagnes, j'ai entendu dire plusieurs fois que les porcs sont insensibles aux morsures des serpents et vipères et je sais qu'en Californie on lâche des bandes de porcs dans les contrées infestées de rattlesnakes ou serpents à sonnettes pour les dévorer et assainir le pays. Si la médecine expérimentale confirme cette précieuse immunité, celle-ci augmentera encore les services que rend le porc.

La durée moyenne de la vie du Porc est de douze ans, durée invariablement abrégée par l'homme et réduite, dans la grande majorité des sujets, à un an.

III. Conditions économiques d'exploitation.

De toutes les spéculations animales, celle qui a le Porc pour objet est la plus répandue et probablement la plus lucrative.

Ce dernier caractère vient de ce que le cochon est omnivore et qu'ainsi son alimentation n'est pas soumise aux aléas du prix des denrées. Les substitutions alimentaires étant faciles, elle peut se faire à un taux moins élevé que pour beaucoup d'autres animaux, puisqu'il y a utilisation de substances qui seraient perdues à la ferme ou à l'usine, telles qu'eaux grasses, résidus de laiterie, excréments de vers à soie, déchets de tannerie, d'équarrissage et de fabrique de gants, ou qui n'ont qu'une faible valeur commerciale.

Le Porc est le transformateur le plus rapide des aliments

en produits marchands. A la fin de la première année de sa vie, il peut arriver au poids de 15o kilogrammes et même plus ; il tire donc un admirable parti de sa nourriture.

Sa fécondité est considérable, comme on l'a vu plus haut (p. 51), de sorte que, de ce côté aussi, c'est un capital rapportant de forts intérêts.

Il est vrai que durant sa vie, à part les jeunes et le fumier, on ne retire pas, en Europe, de produits directs, mais à l'abatage, presque tout est utilisé, et il n'y a presque pas de cinquième quartier, car le sang et les intestins sont employés. C'est une compensation.

Dans quelques régions de la Chine, on entretient les truies comme bêtes laitières.

L'élevage et l'exploitation du Porc peuvent se faire dans tous les pays, sauf dans les régions très froides et dans les contrées désertiques, très sèches et sans eau ; ces dernières doivent être réservées au Mouton et à la Chèvre, car il y a antagonisme entre les conditions qui plaisent aux Porcs et celles convenables pour le Mouton.

Si l'on en tire un excellent parti dans les régions tempérées, il est de tous les animaux domestiques celui qui supporte le mieux les climats chauds et humides, et la végétation tropicale assure son élevage dans d'excellentes conditions.

En Europe, l'élevage se fait en porcherie ou à l'antique. Dans l'Afrique du Nord, il se fait uniformément suivant ce dernier mode. Dans l'Amérique septentrionale, c'est un véritable élevage au pâturage. Dans l'Amérique du Sud, il est entretenu en parcs annexés aux *saladeros*, ou bien son exploitation se fait en savane, en liberté presque absolue.

L'élevage à la porcherie ne peut guère être décrit didactiquement, car il doit posséder une souplesse, une élasticité dans les moyens d'alimentation qui échappe à toute règle absolue, ou plutôt qui n'en a qu'une : le prix de la nourriture et la facilité avec laquelle on se la procure. Ici ce seront les résidus de laitage, ailleurs des pommes de terre, là des déchets d'abattoir ou des fleurages, etc., qui formeront la dominante du régime avec addition de tels aliments complémentaires pour constituer les rations suivant les données scientifiques. Autant de situations spéciales, autant de régimes distincts. Le modeste agriculteur, le petit fermier nourrissent le Porc qui servira à leur propre consommation tout autrement que l'industriel qui a annexé une porcherie à son usine ou que l'agriculteur exploitant au voisinage d'une ville populeuse, dans laquelle il trouve à acheter des résidus de diverse nature. Le caractère omnivore du Cochon est la cause de cette multiplicité de régimes.

Sur les bords de la mer, de grands établissements où l'on fabrique des conserves de poissons ont des porcheries comme annexes. On y nourrit les Porcs avec les parties non utilisées : têtes de sardines, de morues, etc.

Dans la même situation, on fait entrer aussi divers animaux marins dans la ration. A la Réunion, on a tenté l'utilisation des holothuries (A. de Villèle).

Il n'est pas rare de combiner le régime de la stabulation avec celui du pâturage, dans un but d'économie. En fouillant les champs dépouillés de leurs récoltes, les Porcs y trouvent des larves d'insectes qu'ils ne dédaignent point, les racines de la gesse tubéreuse dont ils sont très friands, celles des scirpes, des fougères, des orties ; ils mangent l'herbe, les graines cultivées et les fruits sauvages tombés sur le sol. On les conduit parfois dans des prairies artificielles et dans les champs de maïs où ils consomment à même. Quelques contrées, comme le Morvan, où les Porcs vont beaucoup au pâturage, tirent un excellent profit de cette pratique. Dans la zone intertropicale, les Porcs paissent des herbes à la façon des Bœufs.

L'élevage à l'antique se pratique dans toute l'Europe et l'Afrique périméditerranéennes. L'élevage du Porc effectué de cette façon est peut-être l'industrie zootechnique la plus ancienne de l'Italie. Les Romains élevaient des troupeaux de Porcs dans les forêts qui couronnent l'Apennin et ses contreforts ; les fruits et spécialement les glands formaient la base de l'alimentation de ces animaux. Cet élevage *à l'antique*, en forêt, subsiste tel qu'il était pratiqué il y a deux mille ans, dans la Calabre, la Basilicate, l'Ombrie et les Marches. Dans les provinces de l'Italie septentrionale, les choses se passent autrement : l'élevage à la porcherie, par les résidus de laitage, les grains, spécialement les maïs, et par les déchets industriels est la règle ; on y élève même plus qu'on ne produit et on achète des cochons dans les pays où l'élevage à l'antique existe pour en parfaire l'engraissement à la porcherie.

En Algérie et en Tunisie, les forêts de chênes verts fournissent également leurs fruits auxquels viennent s'ajouter, suivant la saison, les tiges du figuier de Barbarie (*Cactus opuntia*) qu'on donne crues ou cuites, les baies de lentisques, les olives sauvages, divers petits animaux parmi lesquels se trouvent l'escargot, un petit limaçon et les criquets à l'occasion.

Il va de soi que, pour l'élevage en forêt et en savane, il ne faut pas prendre des races perfectionnées, qui ne seraient pas suffisamment marcheuses ni assez agiles et farouches pour se défendre contre les fauves. Les races locales, de petite taille, il est vrai, mais vives, énergiques, fonçant à l'occasion sur leurs ennemis, sont à recommander.

D'ailleurs, les accouplements entre ces Porcs et les Sangliers donnent à toutes ces populations porcines un cachet uniforme et les dotent des qualités nécessaires à leur existence.

Dans les régions très chaudes, les végétaux qui conviennent au Porc abondent : tiges feuillées de patate, tiges hachées de bananier et bourgeons terminaux stériles du régime, têtes feuillées de canne à sucre, tiges tendres de jeunes maïs, tiges féculentes de fougères arborescentes, racines de manioc, patate, maranta, canna, fruits d'arbres à pain, de goyavier, de bananier (Sagot et Raoul).

Les spéculations relatives aux cochons ne sont pas nombreuses ; elles se réduisent à deux : 1° production des gorets, 2° production de viande et de graisse.

Nous ne citons que pour mémoire la vente des soies, au moment de l'abatage, car c'est un produit qui ne dépasse pas 0,25 par tête, et qui souvent ne l'atteint pas. Elles servent à confectionner des brosses et des pinceaux.

La peau, après tannage, est utilisée par les selliers et les bourreliers ; elle donne un cuir blanc de bonne qualité et très résistant.

Les vessies, après avoir été gonflées et séchées, font l'objet d'un petit commerce.

En Amérique, dans les grands établissements de Cincinnati et d'ailleurs, on utilise les rognures pour faire l'*huile de lard*, très employée aujourd'hui pour graisser les machines.

Le fumier est froid ; on est obligé de le mêler à celui du cheval ou du mouton. On prétend pourtant qu'il convient spécialement pour la culture des Cucurbitacées, qui réclament beaucoup d'eau ; en effet, il est fortement imprégné d'urine.

En raison de la fécondité de la truie, l'entretien de celle-ci en vue de la production des porcelets est habituellement une opération zootechnique lucrative. Mais cette fécondité et les bénéfices de l'opération amènent des périodes de surproduction où le prix des jeunes descend fort bas. N'étaient ces intercalations périodiques de baisse, qui paraissent inévitables, puisque tout ce qui est lucratif suscite aussitôt la concurrence, il y aurait, dans l'économie de la ferme, peu d'opérations plus recommandables que celles-là.

La production de la viande et de la graisse s'envisage un peu différemment suivant qu'on l'effectue pour la consommation familiale ou pour la vente au commerce de la charcuterie.

Dans le premier cas, le porc ne doit pas être trop gras, sa chair serait complètement noyée dans le lard et, par conséquent, peu appétée. Le lard doit avoir une certaine fermeté ; il en manquerait, si le porc avait reçu une nourriture trop animale, comme c'est le cas dans les clos d'équarrissage ; il est alors mou, flasque et prend mal le sel. Lorsqu'on engraisse pour la vente, on se préoccupe peu de ces détails, on tâche d'arriver au plus fort poids dans le laps de temps le plus court. D'ailleurs, le saindoux a son emploi et sa vente journalière en charcuterie ; on n'a donc pas à s'inquiéter de sa trop forte proportion. Aussi dans cette deuxième spéculation, opère-t-on habituellement sur des races perfectionnées en vue de l'aptitude à s'engraisser, tandis que, dans le premier, on se sert de races communes, qui fournissent plus de chair et moins de graisse, soit pures, soit avec une fraction de sang de races améliorées, particulièrement des races anglaises.

CHAPITRE III

CLASSIFICATION DES RACES PORCINES

I. Bases de la classification.

Malgré la grande malléabilité des Porcins et la diversité
de leurs conditions d'existence qui met en jeu cette malléabilité, les difficultés d'une classification ethnologique ne
sont point aussi considérables qu'on pourrait le penser et le
craindre au premier abord.

Cela tient à ce que les modifications se font dans le même
sens ; elles s'accomplissent parallèlement et elles convergent
vers les mêmes organes qu'elles modifient dans la même
direction, mais avec des variations dans l'intensité. Il en
résulte que les races porcines forment une chaîne ininterrom-
pue dont les anneaux des deux extrémités sont très différents, mais que les anneaux intermédiaires relient insensi-
blement l'un à l'autre.

Un premier caractère sépare en deux les formes porcines ;
il est emprunté au nombre de doigts, touchant terre et ser-
vant au soutien et à la marche. Habituellement il est de
deux, mais nous avons vu que, par une exagération remarquable de l'effilement des extrémités, une forme s'est créée

qui est monongulée (fig. 16 et 17). Une séparation entre les
dialydactyles et les *syndactyles* s'impose.

Un second caractère, de constatation aussi facile que le
précédent et fort précieux à cause de cela, est fourni par les
oreilles. Nous avons vu quels services ces organes rendent

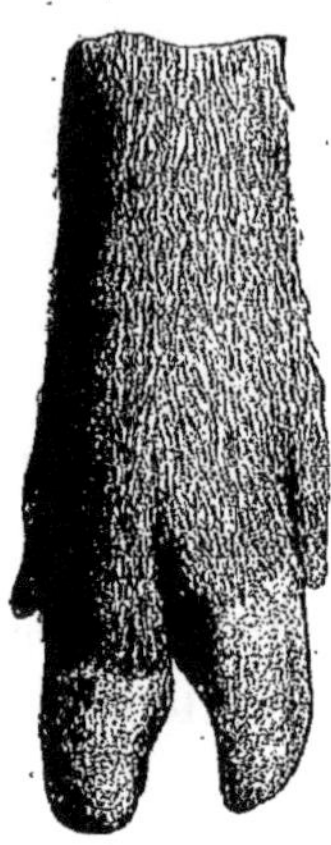 

Fig. 16. — Pied dialydactyle.   Fig. 17. — Pied syndactyle.

dans la classification des lapins et des chiens[1] ; ils ne sont pas
moins utiles pour celle des cochons. Leurs dimensions et
surtout la façon dont ils sont portés sont à examiner.

Ils suivent trois directions principales, et dans chacune
d'elles les dimensions de la conque sont différentes :

1° *L'oreille est droite*, à conque petite et triangulaire
avec pointe en haut (fig. 18). Le conduit auditif osseux est
dirigé en haut en dehors. Les dimensions de la conque, variables suivant la taille des individus, ne dépassent guère
0,10 de longueur ou hauteur et 0,08 à sa partie la plus
large. Cette disposition se remarque chez toutes les formes

[1] Cornevin, *Les petits Mammifères.*

sauvages, réapparaît sur les individus marrons et a persisté dans quelques formes domestiques.

2° *L'oreille est dirigée en avant*, protégeant l'œil à la façon d'un avant-toit (fig. 19). Ses dimensions en longueur et largeur sont supérieures à celle du type précédent, elles oscillent autour de 0,15 pour la longueur et de 0,10 pour la

Fig. 18. — Oreille droite.   Fig. 19. — Oreille dirigée en avant.

largeur. Même disposition du conduit auditif osseux que dans le premier type. Cette disposition s'observe sur les porcs de race périméditerranéenne ; on l'obtient parfois en croisant des porcs à oreilles droites avec des individus à oreilles pendantes et il n'y a rien d'improbable à ce que la race méditerranéenne se soit formée de cette façon.

Le degré d'inclinaison varie suivant l'âge et la race. Les porcelets ont l'oreille plus relevée qu'ils l'auront à l'âge adulte et la vieillesse amène une laxité des tissus qui se manifeste sur les muscles auriculaires et plaque l'oreille sur la partie supérieure du front et de la face. Dans quelques races, l'oreille n'est que pointée en avant, dans d'autres, elle est franchement courbée sur la tête.

3° *L'oreille est pendante*, fort développée et plaquée contre les joues et une partie du groin (fig. 20). Ses dimensions sont très grandes ; la longueur oscille de 0,25 à 0,30 et la

largeur de o,14 à o,18. Le conduit auditif osseux est dirigé
en haut et en avant, de sorte que l'oreille recouvre un peu
l'œil et quelquefois gêne la vue. Cette disposition se remarque chez une race asiatique et dans plusieurs races occiden-
tales. On voit de temps à autre des gorets de ces races naître
sans oreilles, par un phénomène de réaction déjà indiqué à

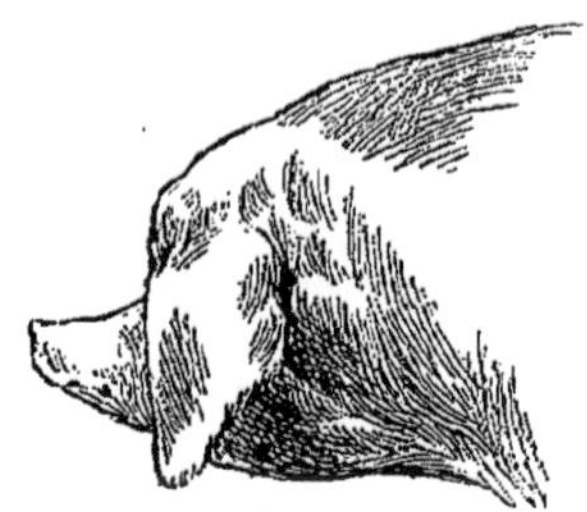

Fig. 20. — Oreille pendante.

propos des lapins. Il n'a pas été créé, dans l'espèce porcine,
de race anote.

Un troisième caractère, net et significatif, est fourni par
le profil de la tête.

(On prendra une première idée des variantes du profil
céphalique en comparant les figures des pages 9, 10, 11,
12, 13 et 14.)

Dans une première disposition (fig. 9 et 10), le profil
de la tête, à sa partie supérieure, est représenté par une
ligne à peu près droite, une très légère dépression marquant
seule le point de jonction de la face et du crâne. Elle est
permanente dans les Sangliers, transitoire chez la plupart
des Gorets domestiques où la tête, arrondie à la naissance,
s'allonge et s'aplatit vers cinq semaines, reste ainsi avec un
profil droit de cinq à huit semaines, suivant les races, puis

prend sa forme ethnique définitive. Quelques races domestiques ont le profil droit comme le Sanglier.

Dans une deuxième disposition (fig. 11 et 12), le profil est représenté par une ligne qui se brise au point de jonction du front et de la face en formant un angle très ouvert. Cette disposition est habituelle sur les animaux de race méditerranéenne ; elle établit la transition entre la disposition précédente et celle qui va suivre, comme l'ont fait les oreilles inclinées en avant, avec lesquelles elle est souvent associée. On la voit se dessiner légèrement sur les sangliers pris très jeunes, entretenus et reproduits en stabulation.

Une troisième disposition (fig. 13 et 14) est dans le profil à ligne fronto-nasale brisée et formant un angle plus ferme que ci-devant. Elle se voit au maximum sur les races améliorées, entretenues en stabulation permanente ; les yorkshires et les craonnais la présentent d'une façon bien nette. Elle s'observe aussi sur les cochons dits chinois dont la tête à front arrondi a conservé une forme fœtale.

Il n'y a pas de rapport constant et nécessaire entre la disposition du profil et les dimensions longitudinales et latérales de la face. Par exemple, l'Essex a la tête très courte et le profil à peu près droit tandis que le Porc breton et l'irlandais non améliorés l'ont longue comme le Sanglier avec profil un peu concave.

Nous avons fait passer la direction et les dimensions des oreilles avant le profil, comme caractère ethnique, parce qu'à la naissance les oreilles ont déjà leur direction et leurs dimensions proportionnelles comme elles les auront à l'âge adulte, ce qui n'existe point, nous l'avons vu, pour le profil.

Après le profil viennent les indices : indice céphalique général, indice facial et indice nasal. La comparaison de l'indice nasal avec le céphalique est importante, puisqu'elle renseigne immédiatement sur la force et le développement du groin en rapport avec la dolichoprosopie et la brachy-prosopie.

Nous utilisons ensuite les caractères tirés de la peau, de ses appendices et de la coloration.

Fig. 21. — Sanglier à masque.

La peau de la face et du front est plissée dans une race, la Masquée, qu'elle caractérise. Cette disposition de la peau a beaucoup surpris, lorsqu'on observa les premiers Cochons masqués introduits de l'Extrême-Orient en Europe et l'on ne manqua pas de créer pour eux une espèce nouvelle *(Sus pliciceps)* (fig. 21).

Cet étonnement n'aurait point dû se produire pas plus que la création d'une espèce, si l'on eût réfléchi que le Cochon masqué a acquis ses caractères ethniques au Siam, où une race canine a également le front plissé (celle de Phu-Quoc) et où vit l'éléphant type des pachydermes à peau ridée.

Les soies apportent leur contingent à l'ethnologie porcine. Leur diamètre, leur abondance, leur douceur sont à observer. Une race les a frisées, caractère à lui seul fort net.

Sur quelques races, la rencontre de soies dirigées en sens contraire forme des épis, des tourbillons, des rosaces qui sont à prendre en considération.

La coloration enfin a une valeur en raison de sa fixité dans l'espèce porcine. Elle se propage avec constance dans ses nuances et, chose plus remarquable, la distribution en plaques siégeant dans telle ou telle région, se transmet avec une fidélité frappante. Les taches noires de la tête et des fesses des cochons dauphinois, bressans et limousins, le prouvent.

L'architecture générale n'a point été négligée et nous retrouvons des Porcs mésomorphes, des brachymorphes, des dolichomorphes et des anacholymorphes. Elle ne peut jouer dans la classification des races porcines un rôle aussi important que dans d'autres espèces, en raison de la non-concordance qui existe fréquemment dans le Porc entre les dimensions de la tête et celles du tronc. Je l'ai déjà dit, souvent le développement de la tête et celui des membres se font dans le même sens et ce sens est opposé à celui du tronc. Cette opposition résulte de l'intervention des procédés zootechniques par lesquels l'Homme s'est efforcé de développer au maximum le corps proprement dit, qui fournit le plus d'utilités, tandis qu'il laissait les membres et la tête, qui lui en donnent peu, se raccourcir par défaut d'exercice.

II. **Synopsis des Races porcines**[1].

Article I. — RACES DIALYDACTYLES

Section I. — RACES DIALYDACTYLES A OREILLES DRESSÉES

		Races.	Sus scrofa.
Leptorhinie.	Profil droit	Sanglier	S. S. *ferus.*
	Profil légèrement concave. { Front non bombé.	Cochon a barbe blanche.	— *leucomystax.*
	— bombé	— a tête de spitz.	— *leptognathus*
		Tonquinoise.	
		Éléphant ou chinoise.	
		D'Irkoutsk.	
Mésorhinie.	Pelage noir avec taches blanches aux extrémités.	Berkshire.	— *acroleucus.*
		Hampshire.	
		Suffolk noir.	
	Pelage rouge	Tamwort	— *chalcothrix.*
Platyrhinie.	Mésomorphisme du tronc. . . . Manteau blanc.	Grand Yorkshire . . .	— *maximus.*
		Meissener.	
	Dolichomorphisme du tronc. . Manteau noir	Essex	— *niger.*
	Anacholymorphose, manteau blanc, soies fines	New-Leicester ou Petit Yorkshire	— *minimus.*
	Mésomorphose du tronc, manteau blanc.	Yorkshire intermédiaire.	— *intermedius.*
		Norfolk.	
		Suffolk blanc.	
		Windsor.	
		Coleshill.	
		Cumberland.	
		Lancashire	
		Chester White.	

Section II. — RACES DIALYDACTYLES A OREILLES POINTÉES EN AVANT.

				Races.	Sus scrofa.
Soies droites.	Mésorhinie	Mésomorphisme .	Soies abondantes	A tête de taupe. . . .	— *talpiceps.*
				Napolitaine.	
				Sarde.	
				De l'Italie centrale.	
				— septentrionale.	
				Rhodanienne.	
				Espagnole.	
				D'Alemtejo.	
			Soies très rares	Nue ou pelée.	— *nudus.*
			Robe rouge	Vieille race rouge. . .	— *rubiginosus.*
			Robe pie	Tachetée	— *maculatus.*
				Bressane.	
				Dauphinoise.	
				Limousine.	
				Périgourdine.	
				Bourguignonne.	
		Dolichomorphisme.		A extrémités acuminées.	— *leptopodus.*
	Platyrhinie; Robe pie ou noire.			Poland-China	— *variegatus.*
Soies frisées . Mésorhinie				Mangalicza	— *crispus.*

Section III. — RACES DIALYDACTYLES A OREILLES TOMBANTES

		Races.	Sus scrofa.
Face non plissée. . . .	Plathyrhinie dos convexe; tronc haut sur membres. . . .	Commune a oreilles plaquées	— *macrotis.*
		Podolienne.	
		De Bohême.	
		Dano-scandinave.	
		Bavaroise.	
		Bakonyer.	
		Flamande.	
		Bretonne.	
		Irlandaise.	
		Lorraine.	
		De Beira du Lot.	
	Plathyrhinie dos presque droit. Tronc long supporté par des membres de moyenne dimension	Améliorée a oreilles plaquées ou craonaise.	*macrotis-brevipes.*
		Augeronne.	
		Normande.	
Face plissée. . Mésorhinie.		Masquée	— *larvatus.*

Article II. — RACE SYNDACTYLE

	Races.	Sus scrofa.
Dolichomorphisme.	A un seul doigt. . . .	— *Syndactylus.*

[1] La nomenclature adoptée est due à M. Boucher.

Ce qui a été dit de l'extrême malléabilité de l'organisme porcin fait deviner que la taille et le poids sont choses trop variables et trop subordonnées aux conditions d'existence pour être utilisées ici.

Telles sont les bases qui ont servi à l'établissement du tableau synoptique (pages 66 et 67).

CHAPITRE IV

RACES PORCINES A OREILLES DRESSÉES

Ce groupe renferme les formes porcines primitives. La direction verticale du conduit auditif osseux qui les caractérise se retrouve sur toutes les pièces fossiles quaternaires et protohistoriques que nous avons pu étudier dans les musées et collections d'Europe.

Il comprend les Sangliers de l'ancien monde, ainsi que des sortes habitant les îles de la Sonde et de la Papouasie et y vivant à l'état sauvage, lesquelles ne sont vraisemblablement que des rameaux du tronc primitif auxquelles la ségrégation donna une sorte d'autonomie. Ces formes, après leur domestication, dominèrent aux premières périodes de l'histoire, puis, peu à peu, à côté d'elles, en Europe, prirent place d'autres races, les unes à oreilles pendantes, les autres à oreilles pointées en avant, mais nulle part elles ne furent expulsées complètement, pas plus dans l'Europe centrale et occidentale qu'ailleurs.

Au siècle dernier et dans le cours de celui-ci, ces formes ont reconquis la faveur ; on les a croisées avec leurs rivales et des races en sont nées qui tiennent aujourd'hui une place importante dans les élevages européen et américain. Le

Sanglier est également utilisé aujourd'hui en Autriche-Hongrie pour fournir, avec le Porc de Mangalizca, des métis estimés. Ailleurs on le croise avec son congénère domestique pour obtenir des bêtes de chasse.

Ces diverses formes à oreilles dressées se subdivisent en catégories, d'après le profil qui est droit ou concave.

Catégorie I. — FORME PORCINE A PROFIL DROIT

Cette catégorie renferme le Sanglier. Quelques brèves considérations sur cet animal ne seront point déplacées ici, tant parce que nous le considérons comme la forme ancestrale des races porcines actuelles qu'à cause de son rôle comme producteur de métis.

Sanglier. — Cet animal ne monte pas au delà du 55° degré de latitude. Il n'est point aussi abondant dans l'Europe septentrionale que dans les pays du Centre et du Sud ; il occupe le nord de l'Afrique et les contrées chaudes et marécageuses de l'Asie.

Sa taille et son poids reflètent la fertilité du sol qu'il habite et décèlent la quantité de nourriture qu'il y trouve. Dans les pays secs et maigres, son poids ne dépasse pas 80 kilogrammes, tandis que dans les contrées où il peut s'alimenter largement, on en abat de 150 kilogrammes. Sa morphologie indique son habitat ; il est allongé dans les plaines marécageuses, trapu, ramassé dans la brousse africaine, et fort petit dans les îles méditerranéennes.

Comparé au Cochon domestique, à quelque race que celui-ci appartienne, il a les membres proportionnellement

Fig. 22. — Sanglier.

plus forts, la tête plus longue, l'oreille plus pointue et plus droite et le croc plus développé (fig. 22).

Son corps est couvert de deux sortes de productions pileuses : des soies grossières, assez longues, et une laine assez fine, relativement abondante en hiver.

La robe du Sanglier est gris noir, la pointe des soies étant grise. On voit des individus roux, panachés et même pies ; ces derniers sont considérés, à tort ou à raison, comme issus de croisement avec le Cochon domestique.

Nous dirons peu de chose du squelette, la constitution vertébrale ayant été étudiée antérieurement. Nous avons pu examiner comparativement le squelette de Sangliers d'Europe, d'Afrique et d'Asie, nous n'y avons relevé aucune différence et nous ne comprenons point sur quoi on s'est appuyé pour émettre l'idée que les Sangliers de ces trois parties du monde pourraient ne pas être de même espèce.

Le tableau ci-dessous exprime le résultat comparé de l'examen du squelette et des viscères d'une laie et d'une truie.

	Laie d'Europe (3 ans et 7 mois)	Truie d'Essex (2 ans et 5 mois)
Poids vif	105 kg.	130 kg.
Poids du squelette (os bien secs). .	4 —	6 —
— du squelette céphalique . . .	1 kg. 205	1,654
— de la mandibule seule . . .	460 gr.	0,569
— d'un fémur	145 —	»
— du sang	4 kg.	»
— foie	1 kg. 316	»
— du cœur	300 gr.	»
— des poumons	430 —	»
— de la rate	250 —	»
— des reins (pour les deux) . .	236 —	»

	LAIE D'EUROPE (3 ans et 7 mois)	TRUIE D'ESSEX (2 ans et 5 mois)
Capacité de l'estomac	5 lit. 200 gr.	»
Longueur de l'intestin.	3 m. 95	»
Nombre de mamelles	8	»

Le Sanglier habite les bois, les lieux couverts de hautes herbes et marécageux. Il se tient couché pendant le jour dans un trou, tapissé ou non de mousse et de feuilles sèches, la *bauge ;* il en sort la nuit, pour aller ravager les plantations de pommes de terre, de navets, les champs emblavés, les plantations de canne à sucre aux pays chauds.

Dans tous les cas, il cause des dégâts sérieux.

Le Sanglier éprouve une véritable mue en juillet et août ; pendant cette période, il se frotte avec violence contre les corps voisins. Ses soies repoussent en septembre.

Deux mois plus tard commence la saison du rut qui dure quatre à cinq semaines. La jeune laie est moins féconde que la vieille. Les petits, appelés *marcassins*, sont rayés, d'allures vives et très faciles à apprivoiser.

A part les vieux mâles qui vivent solitaires, les autres restent en bandes et vagabondent dans les contrées où ils s'installent.

Très courageux, ils sont redoutables par leurs défenses quand on les pourchasse, mais ils ne prennent pas l'initiative de l'attaque. Malgré leurs apparences lourdes, ils nagent très bien.

La chair du sanglier est excellente ; elle unit le goût de gibier à la finesse de celle de tous les Suidés.

Métis. — Cette qualité est la cause des croisements qu'on fait opérer entre sanglier et porc domestique ; il en est même résulté, en Hongrie, une exploitation particulière. Dans le domaine que possède le Chapitre catholique romain à Na-gyvarad, comitat de Bihar, on entretient des sangliers. Les uns vivent sous bois et se reproduisent avec leurs laies. Les autres sont parqués avec des truies domestiques qu'ils fécondent. On obtient ainsi des produits dont la chair, de qualité supérieure, est vendue à un prix élevé, comme viande de luxe, à Vienne et à Budapest.

Cet exemple pourrait être suivi ailleurs ; les grandes capitales offriraient sans doute un débouché à cette production, d'autant plus que, depuis l'emploi des armes perfectionnées à la chasse, le sanglier devient rare.

CATÉGORIE II. — FORMES PORCINES A PROFIL CONCAVE

Ces formes ont les unes le front courbé, les autres non. Les premières sont toujours de petite taille, presque naines. La convexité de leur front n'est que la disposition première à la naissance qui n'a pas franchi une autre étape.

Cette disposition a été vue antérieurement pour l'espèce canine dont les petites races la présentent de la façon la plus accusée.

Deux races à signaler : celle à barbe blanche et celle à tête de Spitz.

RACE A BARBE BLANCHE (Syn.: *Race japonaise*). — Cette race comprend les animaux dont les zoologistes ont fait l'espèce *Sus leucomystax*. Antérieurement, nous nous sommes expliqués sur l'illégitimité de cette espèce qui, se reproduisant sans difficultés avec toutes les autres races de

cochons et donnant des produits féconds, n'est qu'une bran-
che ethnique du groupe **Sus**.

Elle est abusivement qualifiée de japonaise par ceux qui
suivent la nomenclature géographique. Les îles de l'empire
du Japon ne sont ni son centre d'apparition ni son point de
dispersion, puisqu'à leur ouverture au commerce européen
le porc n'y existait pas. Elle vient de Java et des autres îles
de la Sonde; elle est rarement introduite en Europe, mais
elle n'y est point inconnue.

Fig. 23. — Porc à barbe blanche.

Car. — *Liste blanche commençant à la commissure des
lèvres et s'étendant sur les joues, simulant des favoris
blancs. Pelage brun foncé avec ventre blanc. Soies courtes
et rares. Tête très légèrement concave. Petite taille* (fig. 23).

Taille	o m. 40
Poids vif	32 kg.
Capacité cranienne.	67 cc.
Indice céphalique général.	47
Indice facial	60
Indice nasal	23

Les caractères économiques sont les mêmes que ceux des cochons à tête de Spitz, étudiés ci-après.

Leur sauvagerie s'atténue difficilement en captivité. Leur petite taille sera toujours un obstacle à leur extension en Occident soit à l'état pur, soit pour faire des croisements, car les truies fécondées par les verrats européens, de taille supérieure, ont des parturitions difficiles.

Race a tête de Spitz. (Syn. *Race chinoise, tonquine, siamoise*, de la plupart des auteurs; *race indienne* de Nathusius et de Brehm).

Elle répond aux espèces *S. cristatus* W. et *S. Vittatus* de quelques zoologistes.

C'est sans doute la race qui comprend le plus grand nombre de représentants, car elle occupe des pays immenses où le Porc est, avec le Chien, le principal animal domestique et où on l'élève en quantité considérable. Sa petite taille et son faible poids expliquent en partie son abondance.

Elle monte en Orient jusque vers le 63ᵉ degré de latitude. Si réellement son point d'apparition est l'Asie, elle semble avoir marché vers l'ouest suivant deux parallèles, l'une allant de la Mandchourie et de la Sibérie méridionale aux pays finlandais et scandinaves, l'autre d'Asie Mineure aux rives africaine et européenne de la Méditerranée.

C'est une grosse erreur de considérer la race chinoise comme importée depuis peu, un siècle ou deux seulement, en Europe et spécialement en Angleterre et en France. Si elle n'est pas autochtone, elle y existe au moins depuis le néolithique ainsi qu'il a été dit précédemment.

Les recherches des paléontologistes en fournissent les preuves les plus convaincantes.

Les figurations, par la peinture ou la sculpture en apportent aussi. La statuette en bronze, trouvée à Portici (fig. 24), s'applique incontestablement à un Porc de ce type, si caractéristique par son front bombé et ses petites oreilles droites.

Les documents bibliographiques les renforcent. Les Romains connaissaient et exploitaient cette race, car on lit

Fig. 24. — Porc chinois, d'après une statuette en bronze.

dans Columelle[1] qu'il faut choisir, pour la reproduction, des pourceaux « bas de jambes » et ayant « le groin court et camus », c'est-à-dire se rapportant au type de la statuette de Portici.

Tschudi et Bieler, après étude de documents anciens, ayant trait à la Suisse, le considèrent comme autochtone dans l'Oberland grison, le canton d'Uri et le Haut-Valais. D. Low arrive à la même conclusion pour l'Angleterre.

Linné et plus tard Buffon l'indiquent comme vivant en Suède et en France, chacun de son temps. Au commence-

[1] Columelle, *De re rustica*, liv. VII, chapitre ix.

ment du xixᵉ siècle, Viborg le décrit comme autochtone en Seeland.

Il y eut, il est vrai, à la fin du xviiiᵉ siècle et au commencement de celui-ci, des importations nombreuses de Porcs d'Extrême-Orient en Angleterre pour la création des races perfectionnées : ce n'était nullement une nouveauté.

Je suis même assez porté à croire que des populations porcines à oreilles dirigées en avant ont été formées par le croisement de Porcs à oreilles pendantes avec des Cochons à oreilles dressées ou avec des Sangliers, car lorsque ce croisement est effectué expérimentalement, il y a toujours dans les portées quelques sujets qui ont cette direction caractéristique.

Car. — *Brachymorphisme.* — *Front un peu bombé. — Groin droit. — Oreilles petites, dressées, pointues. — Soies fines, peu abondantes. — Ventre à peu près nu. — Pigmentation variable, allant du noir franc au gris très clair ou faisant défaut. — Tête large à la partie postéro-supérieure, parce que les fosses temporales sont moins creusées que dans les autres races, d'où capacité cranienne élevée, proportionnellement à la masse.*

Capacité cranienne. . .	102 centimètres cubes.
Indice général	43
Indice facial	54
Indice nasal	25
Longueur des soies . .	0,08
Diamètre	15 centièmes de millimètre.

Petite taille, ne dépassant guère 40 centimètres, due surtout à la brièveté des membres. Tronc ample, épais, dos large, droit et parfois ensellé, ventre développé, touchant presque la terre dans quelques groupes.

Appétit et puissance digestive remarquables ; très grande propension à l'engraissement et précocité. Chair blanche, un peu molle, noyée dans une trop forte proportion de graisse. Lard manquant de fermeté, huileux et peu recherché des Occidentaux, mais dont les Chinois, les Mandchoux et les Sibériens se régalent.

Très grande fécondité : Viborg parle d'une truie qui donna 24 gorets[1], et M. Caubet, à la Tête-d'Or, a obtenu deux portées de 17 petits chacun.

Les gorets ont ou n'ont pas la livrée suivant les sous-races.

SOUS-RACES. — Ce sont la tonkinoise, la chinoise ou éléphant et celle d'Irkoutsk.

Sous-race tonkinoise. —Les Porcs de cette sous-race sont encore dits siamois, malais, du Cap, et, sur place, on les appelle *Cochons de Hamac, Cochons du Delta.* Ils sont petits, noirs et les gorets naissent avec la livrée des marcassins. Très bonne conformation, mais ensellure fréquente des truies. Chair trop molle, qui ne convient pas à tous les Européens.

Les Cochons tonkinois ont été les plus exportés en Europe et, plus que ceux des autres sous-races, ils ont joué un rôle dans la production de métis et la création de races.

Sous-race chinoise. — En Extrême-Orient, on les appelle *Cochons éléphants,* tandis qu'en Europe on les nomme souvent cochinchinois. On les élève à la fois en Chine, en Indo-

---

[1] Viborg, *Mémoire sur l'éducation, les maladies et l'emploi du Porc,* p. 27.

Chine et au Siam. En Chine, on en fait de continuelles importations d'Indo-Chine, *via* Haïphong à Hong-Kong.

Le Porc chinois est un peu plus volumineux que le précédent, mais son train postérieur est plus défectueux. La couleur varie du noir au blanc, en passant par le pie et le roux ; parfois, une moitié du corps est pigmentée et l'autre moitié ne l'est pas ; on en voit de cuivrés.

La peau semble trop large pour le corps, ce qui explique la présence de quelques plis comme sur celle de l'éléphant ou du mouton et le nom regrettable qui lui a été donné. Ce cochon établit la transition entre le tonkinois à peau lisse et le cochon à masque dont il sera question plus loin ; il le prépare et l'annonce.

Engraissement facile ; viande et lard identiques à ceux du tonkinois.

Les porcelets n'ont pas la livrée (?)

Sous-race d'Irkoutsk. — Occupe le nord de l'empire chinois, la Mandchourie et la Sibérie méridionale. — Les Porcs qui la constituent sont petits, très vifs, à tête et surtout à oreilles rappelant celles des chiens de la contrée ; « quelques-uns ont la robe grise, d'autres café au lait, semée de larges taches noires [1] ».

Nous n'insisterons pas sur l'homologie morphologique entre le Chien et le Porc de la région de l'Ancien Monde septentrional.

C'est un nouvel exemple à ajouter à ceux que nous avons enregistrés. Inutile aussi de montrer la dépigmentation s'opérant à mesure qu'on monte vers le nord.

---

[1] Vapereau, De Pékin à Paris *(in Tour du monde,* 1894, 2ᵉ semestre, p. 218).

Les Chinois boivent couramment le lait de truie et ils en offrent aux étrangers qui les visitent.

RACE DE BERKSHIRE. — Cette race qui tire son nom, comme toutes celles créées en Angleterre, du comté où elle est le plus répandue, résulte d'opérations de croisement et de métissage. Elle fut longtemps considérée, dit D. Low, comme l'une des plus précieuses de l'Angleterre, parce qu'elle réunit à une taille moyenne une aptitude suffisante pour l'engraissement et qu'elle peut fournir une bonne viande et du lard. On la considère comme la plus rustique des races améliorées.

Le premier améliorateur de cette race est Richard Astley, de Oldstone-Hall. Puis vinrent lord Barringtan qui fit des croisements avec les races siamoise et napolitaine, et M. Sherard qui continua son œuvre et qui fixa la race de Berkshire telle que nous la voyons aujourd'hui.

En raison de ses qualités, cette race est déversée en dehors de l'Angleterre. Elle s'est diffusée aussi dans l'Amérique du Nord et dans les colonies anglaises d'Australie.

En Europe, la France, l'Italie et la Suisse sont les pays où on a le plus introduit de Berkshires. L'Ecole d'agriculture de Grignon en eut de fort beaux spécimens ; M. Maisonhaute et M. Diemer l'ont propagée avec succès à la dernière Exposition fédérale suisse.

Car. — *Tête allongée, angle fronto-facial peu marqué, oreilles assez petites, légèrement pointées en avant. — Pelage noir avec liste blanche au groin et taches blanches à l'extrémité des pattes ; parfois taches blanches sous le ventre* (fig. 25).

Taille moyenne 0,60
Longueur de l'articulation scapulo-humérale à la
     pointe de la fesse . . . . 1 m.
Indice céphalique général. 54
     —   facial 71
     —   nasal 30
Capacité cranienne . . . . 145cc.
Longueur moyenne des soies. 0,065
Diamètre . . . . 0^{mm}15

Fig. 25. — Porc de Berkshire.

A quinze mois, le poids vif oscille autour de 140 kilogrammes. Les jambes sont fines, le pelage relativement doux
et la voix moins criarde que dans la plupart des autres races.
Primitivement, le Berkshire était brun rougeâtre avec taches
brunes ou noires, ce qui, joint au port des oreilles, à la rusticité et à la sapidité de la chair, a fait penser qu'on s'est
servi du Sanglier pour les croisements [1]. Aujourd'hui, les

[1] D. Low, *op. cit.*, p. 31.

Berkshires sont noirs avec taches blanches très restreintes, comme il a été dit. Le noir n'est pas franc, il est lavé ou mal teint.

La conformation du corps est bonne, régulière, avec membres fins ; mais, au fur et à mesure qu'on améliore cette race par une nourriture abondante et qu'on maintient en stabulation permanente, la tête se raccourcit et l'oreille devient plus penchée en avant.

La truie Berkshire est de fécondité moyenne ; elle donne de 7 à 8 petits. Elle est bonne laitière et nous n'en avons jamais vu ne pouvoir nourrir leur portée, ce qui s'est présenté pour les femelles Yorkshires.

Cette race présente le grand avantage d'être à la fois rustique et précoce. Elle est capable de chercher sa nourriture au dehors ; à cause de cela, elle convient aux colonies où elle mène la vie libre, tout comme dans les porcheries d'Europe où elle vit en stabulation. Elle s'engraisse bien, fournit un lard ferme et une bonne chair.

L'obstination qu'on a dans quelques pays à ne vouloir élever que des Porcs blancs est un obstacle à l'expansion du Berkshire.

Sous-race de Hampshire. — N'est guère que nominative, car il est des Hampshires difficiles à distinguer des Berkshires purs. En général, le Hampshire est moins amélioré, plus haut sur jambes avec des taches blanches plus larges.

Qu'il s'agisse du type ou de la sous-race, il ne semble point que le sang de la race à longues oreilles soit jamais intervenu dans leur formation.

RACE TAMWORTH (Syn. : *Red-pig ; Red-Jersey ; Duroc-Jersey*). — De création récente, cette race a été formée en

Angleterre par le croisement d'anciens porcs rouges (Payernois, Bergamasques, Romagnols ou Szalontaers) avec un type noir, Berkshire ou Essex, afin d'en améliorer la conformation générale et d'en relever les oreilles. On a conservé le manteau rouge qui donne un cachet si spécial aux sujets qui le portent.

D'Angleterre, cette race a passé sur le continent et dans le nouveau monde. J'en ai vu des représentants en Allemagne, en Autriche, en Hongrie et en Suisse. Ce dernier pays, qui avait pourtant une race à manteau rouge, l'a délaissée pour la Tamworth mieux conformée. Elle a été importée à Martigny par les soins de l'hospice du Grand Saint-Bernard, et elle se répand dans le Valais. Les Valaisans reconnaissent à ses représentants de grandes qualités comme porcs de montagne et animaux de pâturage. Ils résistent aux intempéries et savent chercher leur nourriture; c'est ce qui fera le succès de la race si elle doit se répandre.

Cette race est encore très rare en France; elle n'y a point eu jusqu'ici, comme cela existe au dehors de nos frontières, sa catégorie propre dans les concours.

Car. — *Robe rouge ou marron avec reflets dorés, parfois rousse avec taches noires. — Soies assez douces et assez fines. — Tête de taupe. — Oreilles droites ou à peu près.*

Bonne conformation du tronc rappelant celle du Berkshire; membres de développement moyen. Poids ordinaire de 140 kilogrammes. Viande de très bonne qualité.

La race est prolifique et rustique. A la naissance, les gorets sont tout à fait rouges. Les vieux sujets, du rouge marron, passent au brun. Ceux qui sont roux et tachetés de noir rappellent les Berkshires primitifs.

Dans les croisements, le manteau montre constamment, soit du rouge, soit du noir (Constantin).

RACE D'YORKSHIRE (Syn. : *Lincolnshire, Suffolk blanche; grande Yorkshire*). — Cette race, d'origine anglaise, a été formée par croisement, puis métissage. Elle est l'un des plus convaincants témoignages de la possibilité de la création d'un groupe nouveau par métissage.

Comme son nom l'indique, elle fut formée dans le comté d'York et dans ceux voisins de Lincoln, de Norfolk, de Suffolk et de Lancaster. Primitivement, il y avait dans ces districts des Porcs à manteau blanc, de grande taille et à oreilles pendantes ; on les croisa avec des Porcs asiatiques. On obtint des métis qu'on fixa en une des plus belles races porcines que possède aujourd'hui l'agriculture.

On la trouve désignée, dans les écrits agronomiques des premières années du xixe siècle, sous le nom de « race porcine de M. Witt », probablement en souvenir de son principal créateur.

Les qualités de cette race l'ont fait se répandre dans le monde entier ; elle est véritablement conquérante. Il est peu de régions où, dans mes voyages, je n'en aie rencontré des représentants ; de la Suède à l'Italie, de la France à la Russie, on l'entretient particulièrement pour la croiser avec les races plus communes qu'elle améliore dans leurs formes, leur précocité et leur aptitude à l'engraissement. Elle a sa catégorie spéciale dans toutes les Expositions agricoles européennes ; des gouvernements et des associations l'importent et la propagent. Elle a formé un peu partout des populations métisses très appréciées. Il est peu de races avec lesquelles elle se marie mal et, partout où l'habitude est d'avoir des cochons blancs, c'est elle qui est choisie comme amélioratrice.

Son introduction en France, comme celle des autres races anglaises dérivées du métissage anglo-chinois, date de 1819. A cette époque, le comte Decazes, ministre de l'intérieur, chargea Huzard de l'importer.

Car. — Opposition entre le tronc, qui est très développé, et la tête, les oreilles et les pattes qui sont courtes. — Oreilles droites chez les porcelets, fléchies en avant chez les vieux sujets. — Tête courte, redressée dans la partie cranienne, courte et large dans la faciale. — Platyrhinie. — Pas de pigmentation. — Soies courtes et douces.

Taille moyenne au garrot	0,75
Longueur moyenne du corps	1,10
Pourtour de poitrine	1,25
Distance du sol au sternum	0,33
Longueur moyenne des soies	0,09
Diamètre moyen.	$0^{mm},15$
Indice céphalique général.	56
Indice facial	64
Indice nasal	27

Le tronc est très bien fait, l'épaule haute et large, la côte fort arrondie, le train postérieur presque carré, large, avec des fesses et des cuisses très développées. La queue est assez longue. Les membres sont courts et les onglons assez larges.

Les Yorkshires (fig. 26) sont les Porcs les plus précoces, à ce point même que beaucoup de sujets sont à courte-face ou nâtos. Le rapide accroissement en poids traduit aussi cette précocité. Du poids moyen de 1 kg. 200 à sa naissance, le porcelet Yorkshire pèse 4 kilogrammes à quinze jours, 16 kilogrammes à deux mois ; à six mois, il approche de 70 kilogrammes et, à un an, de 120 kilogrammes. Ultérieurement, il arrive à 160 et même 180 kilogrammes. Leur aptitude à prendre la graisse est merveilleuse, elle est même une gêne pour l'entretien des verrats qui deviennent trop rapidement indifférents près des femelles.

FIG. 26. — Porcs Yorkshires.

En réussissant à fabriquer un animal producteur de viande et de graisse, longiligne par le tronc et bréviligne par la tête et les extrémités, la zootechnie pratique a réalisé un idéal. Ce type n'est pas et ne peut pas être universel. Il est des situations qui ne le comportent pas ; mais il en est qui l'appellent et, dans la plupart, son rôle d'améliorateur est considérable.

La chair de ces porcs est trop baignée de graisse.

La fécondité est de bonne moyenne, mais les truies ne sont pas fort laitières, surtout quand elles ont des dispositions exceptionnelles à s'engraisser ; on a des déceptions et on est parfois dans la nécessité de recourir à l'allaitement artificiel.

Inutile de dire que le Porc Yorkshire n'est pas fait pour chercher sa nourriture aux champs ; la brièveté de son groin et de ses membres le mettent dans des conditions d'infériorité vis-à-vis des cochons communs.

Engraissé, il supporte difficilement les déplacements en temps chaud ; les éleveurs et les marchands qui en expédient sur les grands marchés savent qu'il y a une part à faire aux accidents.

Il a déjà été dit que l'Yorkshire fut croisé avec la plupart des autres races. Une opération qui réussit fort bien est le croisement du verrat d'York avec la truie craonnaise. Longi-lignes de tronc l'un et l'autre, ils donnent des sujets harmo-niques qui deviennent lourds comme les Craonnais et ont la précocité des Porcs anglais.

Les croisements exécutés dans la Haute-Italie entre les Porcs romaniques et les yorkshires ont produit les superbes animaux du Milanais ; aussi en Suisse, en Hongrie, en Alle-magne a-t-on marché et marche-t-on dans la même voie.

Plusieurs noms sont donnés à des Porcs qui, en réalité, ne sont que des Yorkshires : tels, ceux de Leicester, Lin-colnshire, etc., etc. Des préoccupations commerciales ne furent point étrangères à cette diversité de dénomi-nations. Au fond, elles s'appliquent à des individus iden-tiques.

Sous-race de Meissener. — Elle tire son nom d'une petite ville saxonne. Elle a été formée par croisement. En 1850, on a commencé en Saxe par importer le grand Yorkshire, qu'on a allié aux truies communes du pays appartenant à la race à grandes oreilles. Après le croisement, est venu le métissage et, comme pour le Yorkshire, on a obtenu une population porcine considérée en Allemagne comme fixée et formant race.

Car. — *Oreilles droites ou inclinées un peu en avant. — Tronc dont la conformation générale est celle du Yorkshire, mais membres plus forts et plus hauts. — Pas de pigmentation. — Tête moyenne.*

Grande aptitude à la production de la viande et de la graisse. Très estimé en Allemagne et en Autriche, où on lui fait une catégorie spéciale dans les Expositions et Comices agricoles, le Meissener mérite l'éloge qu'on en fait en pays allemand. Il ne me semble pourtant pas qu'il doive s'étendre beaucoup en dehors de son habitat actuel, étant donné les excellents résultats obtenus dans les autres pays par l'emploi de l'Yorkshire pur.

RACE D'ESSEX (Syn. : *Improved Essex*, des Angl., *Sussex, Suffolk noir*). — Se trouve dans les comtés d'Essex, de Surrey, de Sussex et d'Oxford. C'est sur les animaux du premier de ces comtés que lord Western a commencé ses croisements avec le napolitain, dit-on ; son œuvre a été continuée et améliorée par Hobbes, un des grands éleveurs d'Angleterre, puis par Clare et d'autres qui introduisirent du sang asiatique, de sorte qu'aujourd'hui l'Essex est plus près du Cochon chinois que du napolitain.

Car. — *Oreilles dressées. — Tête courte. — Angle fronto-facial peu marqué. — Groin large. — Taille plutôt au-*

dessous que dans la moyenne. — Pelage d'un noir vif. — Soies fines et rares (fig. 27).

Fig. 27. — Porc d'Essex.

Taille moyenne o,63
Longueur de l'articulation scapulo-humérale
     à la pointe de la fesse o,84
Indice céphalique général 63
Indice facial 83
Indice nasal 3o
Capacité crânienne. . . . . 120 cc.
Longueur moyenne des soies o,o6
Diamètre des soies . . . . $0^{mm}14$

Le tronc est épais et bien fait, le dos légèrement convexe, le cou très court et les membres fins. Les côtés de la face sont développés et forment bajoues. Grande aptitude à l'engraissement ; précocité. Aucune tache blanche ne doit exister dans le pelage. Poids vif à quinze mois, de 120 à 135 kilogrammes.

La Truie d'Essex est une médiocre laitière comme celle d'Yorkshire.

Malgré la perfection de ses formes et son aptitude à l'engraissement, l'Essex ne s'est pas répandu comme l'Yorkshire et même le Berkshire ; sa taille médiocre en est probablement une des causes.

A plusieurs reprises, on a soumis à mon observation des animaux qu'on appelait Suffolks noirs, je n'ai rien trouvé qui les distinguât des Essex proprement dits.

RACE NEW-LEICESTER OU MIDDLESSEX (Syn. : *Petit Yorkshire, Lincoln perfectionné, Dishley, Small Yorkshire des Américains*).

Au commencement du siècle on l'appelait, en Angleterre, « race de Kortright », par allusion à celui qui concourut le plus à sa création.

Formé dans le comté de Leicester par le croisement du verrat chinois avec les porcs blancs indigènes, le Middlessex est, à un point de vue un peu spécial, un idéal zootechnique, une masse porcine monstrueuse où la tête et les extrémités sont réduites au strict minimum comparativement au tronc très amplifié.

Car. — *Anacholymorphose.* — *Oreilles petites et dressées.* — *Tête très courte surtout dans sa partie faciale, parfois du nâtisme, chez les Truies.* — *Pelage complètement blanc.* — *Soies assez fines.* — *Petite taille* (fig. 28).

<pre>
Hauteur moyenne au garrot   0,61
Longueur du tronc, de l'épaule à l'ischium.   .   0,88
Périmètre de poitrine.   1,15
Distance du sol au sternum   0,25
</pre>

Indice céphalique général 64
Indice facial 86
Indice nasal. 36
Longueur des soies 0,065
Diamètre des soies . . . . $0^{mm}012$

Fig. 28. — Truie et porcelet New-Leicester ou Middlessex
(Petit-Yorkshire).

(Les oreilles sont mal dirigées chez la truie représentée couchée.)

Cou très court. Tronc long relativement aux membres,
large, à ligne dorso-lombaire droite et parfois légèrement in-
curvée en bas. Epaules et cuisses très développées. Aptitude
à s'engraisser telle que les animaux arrivent à respirer difficilement et que, dans cet état, l'accouplement est pénible ;
on ne peut sans risques les faire voyager. Malgré leur taille
au-dessous de la moyenne, l'amplitude de leur tronc leur fait
atteindre des poids élevés. Nous avons observé des individus
pesant 80 kilogrammes à huit mois, et 200 à vingt-deux mois.

Cette race se trouve dans quelques porcheries renommées d'Angleterre, de France et des Etats-Unis. Il y a quelque trente ans, sa vogue était plus grande qu'aujourd'hui ; son extrême perfectionnement est peutêtre la cause de l'arrêt de son extension. On ne l'élève qu'en stabulation permanente, car elle n'est pas capable de trouver sa nourriture au pâturage, ni même de marcher quelque peu.

Les truies sont peu fécondes non plus que les verrats qui d'ailleurs, en raison de la brièveté de leurs membres, sont peu aptes à couvrir les femelles de taille élevée avec lesquelles on tente parfois de les croiser. Enfin la graisse et le lard sont trop abondants proportionnellement à la chair. Les métis immédiats conservent la petite taille et la grande propension à l'engraissement.

Envisagés comme machines a transformer des aliments en viande et graisse, ils sont parfaits.

Yorkshire intermédiaire (Syn. : *Porcs Coleshill, Windsor, Cumberland, Lancashire, Norfolk* et *Suffolk blancs).* — Sous ces différentes dénominations, on désigne des Cochons auxquels l'appellation d'Yorkshires moyens ou intermédiaires conviendrait et sous laquelle on ferait bien de les englober. Cette appellation les définit. Ils ont le pelage blanc, les soies fines, les oreilles dressées, la tête courte de l'Yorkshire, avec son aptitude à l'engraissement, mais leur taille est intermédiaire entre celle du grand et du petit Yorkshire.

La perfection de leurs formes, le rapetissement des membres, l'amplification du tronc sont choses variables suivant les porcheries.

Ces porcs résultent de croisements dans lesquels l'Yorkshire a toujours joué un rôle. C'est ainsi que le Windsor, qui a pris naissance dans les fermes royales, provient de croisements suivis de 1846 à 1854. On allia : York-Cumberland, York-Bedfordshire, Suffolk blanc et Yorkshire pur.

Le Coleshill a été créé par le comte de Radnor, qui a pris pour objectif d'obtenir des animaux très longs de corps, et très brefs de tête et de membres.

Nous placerons près de ces Porcs les Chester-White, qui ont été formés en Pensylvanie par des procédés semblables et qui se font peu à peu une place aux Etats-Unis.

CHAPITRE V

RACES A OREILLES POINTÉES EN AVANT

Les races de ce groupe se divisent fort naturellement en deux sections, d'après la constitution des soies, qui sont droites ou frisées.

Section I. — RACES A SOIES NON FRISÉES

Toutes les races de cette section, sauf une, ont une tête allongée, sans dépression notable entre le front et le groin, rappelant un cône tronqué ; elles se différencient facilement par la morphologie de leur tronc et de leurs membres et surtout par leur coloration qui est typique pour beaucoup. Nous trouvons les races à tête de taupe ou romanique, nue ou pelée, rouge, tachetée, et Poland-China.

Race a tête de taupe ou romanique (Syn. : *Race napolitaine, ibérique, de Malte, espagnole, périméditerranéenne, d'Alemtejo).*

Cette race, à laquelle nous donnons le nom significatif et descriptif de tête de taupe, est connue dans la littérature étrangère sous l'appellation assez incorrecte de *romanique*. En France, on la nomme communément *napolitaine*.

Elle occupe toute l'Italie et les îles méditerranéennes, la Croatie et les autres provinces baignées par l'Adriatique, le Sud et le Sud-Est français, l'Espagne, le Sud du Portugal.

On la trouve en Algérie et en Tunisie où elle vit à l'antique et n'est pas l'un des moindres rapports pour les colons.

Le Porc à tête de taupe n'occupe pas seulement le nord de l'Afrique, il existe de temps immémorial dans l'Afrique équatoriale. Mais il ne s'y est pas répandu d'une manière continue : les régions très sèches ne le possèdent pas, tandis que les marécageuses l'ont. Les peuplades nègres, sauf celles qui sont musulmanes, en consomment la chair avec avidité.

La plupart de ces Porcs africains sont petits, en raison du peu de soins dont ils sont l'objet, mais bien traités ils peuvent atteindre à 200 kilogrammes[1].

Car. — *Tête en cône tronqué.* — *Angle fronto-nasal peu marqué, oreilles de moyenne largeur, pointées en avant ; boutoir assez fort.* — *Soies et peau pigmentées en noir ou en rouge ; on voit aussi le gris fauve et le pie.* — *Soies habituellement peu fournies.* — *Ossature fine* (fig. 29).

Indice céphalique total. 46
Indice facial 53
Indice nasal 22

[1] Meuleman, Étude sur l'élevage des animaux domestiques au Congo (*Annales de méd. vét.*, 1897, p. 179).

Longueur moyenne des soies 0,07
Diamètre des soies . . . . $0^{mm}16$

On verra, par l'étude des sous-races, que la taille et les rapports respectifs des membres et du tronc varient suivant les régions et les conditions d'existence. En général, le corps

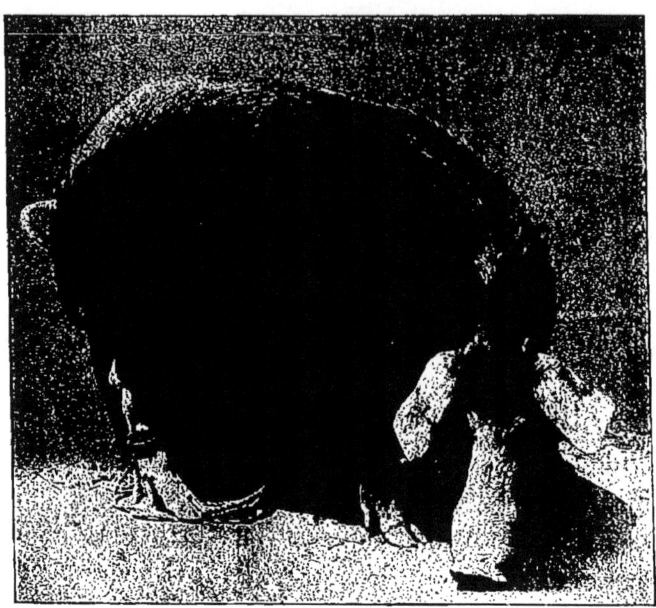

Fig. 29. — Porc de Tunis (1895).

est de dimensions moyennes, à ligne dorso-lombaire droite ou légèrement convexe, à croupe peu inclinée et à fesses bien fournies. Les joues et la gorge sont pendantes.

On rencontre quelquefois à la partie postérieure du maxillaire inférieur des pendeloques.

Race très propre à l'engraissement et en même temps rustique ; elle trouve aisément à se nourrir dans les champs,

car elle marche ·bien: C'est une des meilleures races porcines ; elle réunit l'aptitude à la précocité et la rusticité. Sa
viande est de bonne qualité.

La fécondité reste dans la moyenne, mais les truies sont
bonnes laitières et nourrissent facilement leurs portées.

Sous-race napolitaine. — De robe noire, parfois avec
un peu de blanc au groin et aux pattes, ou grise comme
le Sanglier, de corps et de membres bien proportionnés,
pouvant atteindre à l'âge adulte 150 kilogrammes, mais n'y
arrivant pas dans toutes les conditions.

En Sicile, on trouve des Porcs de ce type, vivant constamment aux champs, qui présentent sur le dos, les épaules et le
cou·des crins formant crinière comme le Sanglier.

On en a formé une race dite de *Calascibetta*.

Un autre rameau est celui qu'on appelle *race de la
Pouille* qui comprend les Porcs de cette province et ceux
des Calabres et du Basilicate. Il n'y a que des différences
individuelles, ce qui fait qu'on doit les rattacher aux napolitains.

A Malte, le Porc est haut sur pattes, allongé, à soies douces.

En Croatie et en Illyrie, les formes sont bonnes.

En Algérie et en Tunisie, on trouve la plus grande diversité dans la taille, le poids et les formes générales. Sur le
littoral ou dans des plaines fertiles et arrosées; dans les forêts de chênes où le fruit ne manque pas, nous avons vu de
très beaux Porcs. Dans l'intérieur, lorsque le Porc vit dans la
brousse, se nourrissant d'escargots, de baies de lentisques et
d'olives sauvages, il reste petit, trapu, hirsute, de couleur
fauve ou grise et, n'étaient les oreilles, on ne le distinguerait
pas du Sanglier. Sa chair est d'une qualité dont on se fait peu
d'idée en Europe.

Sous-race sarde. — En Sardaigne, les Porcs vivent à l'état semi-sauvage, se nourrissant comme ils peuvent ; aussi restent-ils très petits et, à l'âge adulte, leur poids ne dépasse pas 3o kilogrammes.

Entre les Porcs sardes et ceux que j'ai vus dans les fourrés africains, dans le massif du Zaghouan (Tunisie), je ne trouve aucune différence ; ce sont des Sangliers à oreilles pointées en avant.

Ce sont également des sujets de cette sorte qu'on trouve en Grèce, notamment en Thessalie, où ils ne sont guère mieux traités et où leur poids ne dépasse pas 28 kilogrammes.

Porcs de l'Italie centrale. — E. Marchi nous apprend[1] que dans l'Italie centrale on parle d'une race *romaine*, rustique, apte au pâturage, de bonne chair, qui prend le nom de *Maremmanaise* ou *Macchiaiola* dans la région des Maremmes. Il cite la *Chianine*, qui est plus haute de jambes, à manteau plus clair, gris ardoisé, avec balzanes et groin blanc. Si l'on n'y prend garde, l'on a bientôt des sujets dont le garrot est blanc, puis, la tache s'étendant chez les descendants, tout le passage des sangles est envahi et l'on peut arriver au manteau entièrement blanc. Mais on combat cette tendance par une sélection soignée, l'expérience ayant appris que les Porcs blancs ont une mortalité plus élevée que les autres, toutes choses égales.

Les Porcs *Bolonais* sont très avantageux : à dix-huit mois, des sujets arrivent à 23o kilogrammes. Alberti en vit trois qui pesaient ensemble 82o kilogrammes et qui donnèrent 682 kilogrammes en poids net. Leur chair est excellente ;

---

[1] E. Marchi, *Il Maiale*, p. 86 et seq., Milan, 1897.

ce sont eux qui fournissent les éléments de la mortadelle de
Bologne dont la réputation est universelle.

Porcs de l'Italie du Nord. — Les Porcs de l'Émilie et
de la Lombardo-Vénétie ont une très bonne conformation ;
ils ont une précocité et une aptitude à l'engraissement qui les
rendent rivaux des meilleures races anglaises. On fait du
reste depuis plusieurs années beaucoup de croisements, particulièrement avec l'Yorkshire et parfois avec le Berkshire, et
on se montre satisfait des résultats obtenus. Nous avons eu
l'occasion répétée de voir et d'apprécier sur le marché de
Lyon-Vaise les cochons expédiés du Milanais : il en est de
superbes, grâce aux reproducteurs de la Ferme royale de
Monza, de la Station zootechnique de Reggio et des Porcheries de monte des écoles pratiques d'Eboli, Macerata, Lecce
et Nulvi.

Dans le sud de la péninsule italique, l'École d'agriculture
de Portici a travaillé dans le même sens.

Sous-race rhodanienne. — A part les localités où des
unions avec des Porcs craonnais ou des Cochons pie du
Dauphiné ont été faites, des Alpes aux Cévennes orientales
et de la vallée du Drac aux Pyrénées orientales, on retrouve
le Porc napolitain aux soies noires et fines. Allongé et efflan-
qué dans les Hautes- et Basses-Alpes et sur les plateaux de
l'Ardèche et de la Lozère, plus musclé dans la vallée du
Rhône et dans la partie est des Pyrénées, ce n'est que la
reproduction du Porc italien que les Alpes n'ont point gêné
dans son expansion et qui, comme lui, est par ses proportions la traduction du milieu où il vit.

Sous-races espagnole et d'Alemtejo. — On trouve en
Portugal, dans la partie du pays située au sud du Tage et en
Espagne, dans les parties sud et sud-est du royaume, les

Porcs à tête de taupe. Ils varient de taille et de proportions corporelles suivant les localités, mais, dans leurs grandes lignes, ils rappellent les napolitains.

En Espagne, les cochons de Burgos sont fort estimés et ils le méritent par leur conformation.

En Portugal, on les appelle *porcos d'Alemtejo*; ils gagnent du terrain sur le Porc à longues oreilles. « Leur régime est le pâturage dans les *montados* ou grandes forêts de chênes d'Alemtejo et d'Algarve où ils sont engraissés, à deux ans, du mois d'octobre aux mois de décembre ou janvier. On calcule que pendant les mois d'engraissement ils consomment de 700 à 800 litres de glands par tête ; après quoi ils sont vendus. A cet âge et dans cet état, ils peuvent atteindre 200 kilogrammes. » (Nogueira.)

RACE NUE (Syn.: *Race de Teano, Casertinaise, pelée).* — Elle est habituellement confondue avec la sous-race napolitaine dont elle dérive, mais elle doit former un groupe à part.

Car. — *Peau nue ou avec quelques soies rares ; manteau brun cuivré zain.*

« Elle est de petite ou moyenne stature, de squelette fin, de précocité moyenne et de bonne aptitude à l'engraissement. A dix-huit mois un sujet peut aller de 180 à 240 kilogrammes. Sa chair est bonne [1]. »

On la trouve spécialement aux environs de Nola et de Teano et sur le versant méditerranéen. On la rencontre également en Basilicate et on l'importe dans les Romagnes.

---

[1] E. Marchi, *op. cit.*, p. 88.

Race rouge primitive : (Syn.: *Race romagnole* des Italiens ; *race de Payerne* des Suisses ; *race de Szalontaer* des Hongrois). — Cette race s'est formée par démembrement de la romanique. On en trouve encore des représentants dans l'Italie centrale où est son point de formation. D'Italie elle a été transportée en Hongrie, probablement au temps du roi Karl Robert, pense M. Monostori. Elle occupe les comitats de Bihar, Szathar et Bekis, elle est rare dans le pays de Szalonta d'où elle tire pourtant son nom.

En Suisse, elle s'était répandue dans le canton de Fribourg, autour de la ville de Payerne, qui lui avait donné son nom, le long du lac de Neufchatel, vers Estavayer-le-Lac.

Car. — *Peau et soies grossières, de couleur rouge ou jaune rougeâtre.*

Les autres caractères sont ceux de la race à tête de taupe. Le corps est développé et peut atteindre de 1^m 35 à 1^m 45 de long ; la taille au garrot oscille autour de 0,85 et le poids vif autour de 145 kilogrammes. Un peu long à venir, ce Porc donne une viande bien entrelardée et bonne.

L'administration hongroise en entretenait un troupeau au haras de Kisber ; la reproduction en consanguinité amena une diminution de la résistance et beaucoup de gorets mouraient à la naissance. On prit la décision de faire croiser les Szalontaer avec des Porcs de la Haute Italie. Le rouge du manteau réapparaît par plaques chez les métis ou est remplacé par des taches noires ; on obtient des sujets pie-rouge ou pie-noir.

En raison de leur robe rouge, les Porcs de Szalontaer auraient pu se répandre, mais les Tamworts, plus perfectionnés, ont pris leur place dans ce mouvement d'expansion.

Les Suisses eux-mêmes ne conservent pas cette race et ils la croisent ; elle est chez eux en voie de disparition[1].

RACE TACHETÉE (Races bressane, dauphinoise, limousine, de Saint-Yrieix, charolaise, périgourdine, etc).

La constance de la localisation de taches noires, avec majeure partie du corps blanc et la fidélité de la transmission héréditaire, *in situ*, de ces plaques, constituent des caractères vraiment ethniques qui différencient les sujets dont il va être question des précédents.

Ils ne sont non plus qu'un rameau de sujets qui, s'éloignant du tronc romanique, vivant dans d'autres conditions et s'étant peut-être croisés avec les Porcs à grandes oreilles, ont formé à leur tour une race spéciale.

Celle-ci part de la Suisse Occidentale et Romande pour occuper, en France, le Bugey, les Dombes, la Bresse, le Mâconnais, une partie de la Bourgogne, le Beaujolais, le Charolais, le Bourbonnais, le Limousin, le Périgord, le Rouergue, et le Dauphiné.

Car. — *Robe pie, avec taches noires à la tête et sur la croupe, et partie centrale du tronc blanche, ou pigmentation en sens inverse avec tache noire au milieu du corps et tête blanche ou encore exceptionnellement robe truitée. Habituellement deux rosaces de soies sur le rachis*[2].

Les autres caractères sont les mêmes quec eux des Porcs à tête de taupe, tant pour la silhouette fronto-faciale, le port

[1] Constantin, *in litt.*

[2] Les rosaces de la région cervico-dorsale sont très inconstantes et à siège très variable. Elles manquent souvent ou sont remplacées parfois par un long épi sinueux de poils enchevêtrés, hétérodromes à des degrés divers ou verticillés. (Note de M. Boucher.)

des oreilles et la conformation générale que pour les aptitudes. Le perfectionnement des formes est variable suivant
les régions et, sur les confins de l'habitat, les caractères se
fondent, au Nord avec ceux de la race à grandes oreilles, au
Sud avec ceux de la Romanique.

a) *Porcs bressans, dauphinois et limousins ou de Saint-
Yrieix.* — Ils ont pour caractère d'avoir deux taches sur une
robe blanche ; l'une à la tête, l'autre à la roupe. Les dimensions de ces taches varient, mais non leur situation. Parfois
il n'y a qu'une petite plaque entre les oreilles, d'autres fois
l'animal a un véritable camail noir allant jusque sur les
épaules. A l'autre extrémité la croupe, les fesses et la queue
peuvent être complètement pigmentées ou bien une plaque
peu large siège sur une moitié de la croupe ou sur une fesse.
Le reste du tronc et les membres sont blancs.

Les soies sont assez douces, pas très fournies. Elles forment sur la ligne du rachis deux épis : l'un à la nuque, constitué par la rencontre des poils de la tête qui se dirigent en
arrière avec ceux du cou dirigés en sens inverse ; sur quelques
sujets cet épi est développé et forme une collerette supérieure. Sur la croupe existe un autre épi formant rosace,
comme cela se voit chez le Cobaye à rosaces [1], ce qui prouve
une fois de plus que les mêmes dispositions se retrouvent
chez des espèces différentes. Dans le patois limousin, on
appelle « reboulé » l'épi à la nuque et « virade » la rosace de
la croupe [2]. On n'y attache d'importance.

Ces animaux s'engraissent facilement et on en voit arriver à 250 kilogrammes, mais la moyenne habituelle est de

---

[1] Ch. Cornevin, *Traité de zootechnie spéciale*, t. II, p. 16.
[2] Escorne, *le Porc Limousin*, Limoges, 1894, p. 10.

15o kilogrammes. Le lard est ferme et la chair de bonne qualité. La Bresse et le Dauphiné sont les grands pourvoyeurs du marché de Lyon.

b) *Porcs périgourdins et du Rouergue.* — Ils se distinguent des précédents en ce que, pour la formation de leur robe pie, il n'y a pas localisation spéciale aux deux extrémités du tronc. Il y a des plaques blanches sur les hanches, et sur les épaules et des plaques noires au milieu du corps. Ces plaques sont irrégulières et parfois formées d'un mélange de soies noires et de soies grises. On trouve des sujets entièrement gris et d'autres truités. L'épi de la nuque existe chez ces animaux, la rosace pas toujours.

Il y a peu d'uniformité dans la taille et le poids.

c) *Porcs bourguignons, charolais et bourbonnais.* — Fort ressemblants aux Bressans et aux Limousins, ils en diffèrent par une pigmentation moins étendue et moins prononcée. Chez quelques-uns, elle n'est représentée que par une petite tache sur l'extrémité du groin, autour de l'entrée des narines, ou sur une oreille, ou à la naissance de la queue. Sur d'autres, les taches sont plus grandes, mais elles n'intéressent que la peau, les soies restant blanches.

Il n'y a pas d'épi à la nuque, mais une rosace à la région lombaire.

Les races anglaises ont été croisées il y a longtemps déjà et continuent à l'être en maints endroits avec ces animaux dont les formes s'arrondissent, les membres se raccourcissent et l'aptitude à s'engraisser s'accroît. Aussi n'y a-t-il pas là l'homogénéité qu'on observe sur les Bressans, Dauphinois et Limousins. L'Yorkshire étant le facteur le plus employé, la dépigmentation ira toujours en s'accentuant, et un moment arrivera où les Cochons de la Bour-

gogne, du Charolais et du Bourbonnais seront complètement blancs.

RACE A EXTRÉMITÉS ACUMINÉES. (Syn. : *Vieille race hongroise de montagne, race bulgare, de Roumanie, de Bessarabie)* (fig. 3o).

FIG. 3o. — Porc de Roumanie.

Elle se trouve en Hongrie, dans les comitats de Zips,
Liptau, Turocz, Arva et Trenesin, dans la Bulgarie orientale
et dans toute la Roumanie. C'est dans ce dernier pays
qu'elle est le mieux caractérisée.

Elle est sœur de la napolitaine, mais elle s'est différen-
ciée par une élongation de la tête, du tronc et par l'acumi-
nation des membres marchant vers la monodactylie (?).

Car. — *Hyperdolychomorphisme. Membres allongés, à*

extrémités fines, acuminées. Dos voussé en haut. Ventre levretté. Tête et oreilles pointues. Cou long.

Les soies sont assez rudes, sans tendance à friser. Le manteau est roux, blond, noir ou gris. En ne considérant que le tronc, on reconnaît la conformation primitive du Porc à oreilles tombantes non amélioré : même croupe avalée, même poitrine sanglée, même hauteur de membres.

Fécondité moyenne ; longue durée de la gestation (122 jours environ) ; les porcelets rayés comme des marcassins ne sont pas rares.

Cette race n'a point été perfectionnée, pas plus en Hongrie où l'habileté des éleveurs de Porcs est proverbiale que dans les principautés danubiennes. On la laisse telle quelle et on en réserve les sujets pour la consommation familiale, parce qu'elle produit de la viande et peu de lard, tandis qu'on élève d'autres races pour la vente. Le paysan roumain, qui mange si peu de viande et parfois ne touche pas à celle de bœuf, égorge chaque année un ou plusieurs Porcs de cette race pour sa consommation.

La qualité de sa chair et la petite proportion de sa graisse sont ses seules raisons d'être ; sans cela elle devrait disparaître devant d'autres, élevées à son voisinage, qui lui sont supérieures comme conformation et poids vif.

Race Poland-China. — Plusieurs personnes ne la distinguent pas de la Berkshire, à laquelle elle ressemble beaucoup.

Elle occupe en grande majorité l'Amérique du Nord et spécialement les États propices à la culture du maïs. C'est elle qui fournit les salaisons qui arrivent en quantité en Europe. Importée en Allemagne, elle s'y est peu répandue jusqu'à présent et elle est à peine connue dans les autres pays de l'ancien monde.

La Poland-China aurait été formée de la façon suivante : En 1816, John Wallace importa dans l'Ohio trois truies et un verrat chinois, qui furent croisés avec les cochons du pays et donnèrent des produits qu'on appela *Warren-county-hogs*. Vingt ans après, on introduisit des Berkshires qu'on croisa avec des Warren-county-hogs. En 1840, M. Neffs importa des Porcs irlandais de poids énorme dont il infusa le sang aux précédents.

De cette série de mélanges, et par brassage du sang, sortit une lignée, qui peu à peu s'unifia et s'harmonisa, puis constitua un groupe suffisamment homogène et fixe pour mériter d'être considéré comme une race. La « National swine Breeders Convention » de 1875 lui imposa le nom de *Poland-China*.

On comprend l'appellation de « China », puisqu'au début on s'est servi de cochons chinois pour le croisement ; celle de Poland (Pologne) s'explique autrement : ce n'est point parce qu'on a introduit des Porcs polonais dans l'Amérique du Sud, mais parce qu'un éleveur de Bluter-County, qui possédait un magnifique verrat dont on s'est servi pour les croisements, était Polonais ; par une extension un peu familière, on appela son cochon « le polonais » et les métis qui en naquirent furent dits *Poland-China*.

Quoi qu'il en soit, on prétend en Amérique que, depuis 1845, les Poland-China se reproduisent *inter se* et qu'il n'y a plus eu introduction de sang étranger.

Au premier coup d'œil, le Poland-China fait songer au Berkshire dont il se rapproche beaucoup, mais il a des caractères propres.

Car. — Robe foncée, tachetée ou noire. Oreilles dirigées en avant et un peu tombantes. Tête petite et légèrement camuse. Constraste entre le tronc dolichomorphe et la tête et les extrémités mésomorphes.

La « National Poland-China Breeders Association » a établi une échelle de points pour juger des mérites de ces porcs, nous allons la reproduire, parce qu'elle donne une bonne idée de leur conformation.

Manteau foncé, tacheté ou non	3
Tète petite, large, un peu camuse	5
Oreilles petites et mal soutenues	2
Joues arrondies et pleines.	2
Cou court, plein, convexe.	3
Poitrine pleine	3
Épaule large et profonde	6
Circonférence thoracique	10
Croupe longue et large.	7
Hanches larges	6
Côtes arrondies	7
Lombes larges et fortes	7
Abdomen ample et allongé	4
Flanc bien profond	3
Cuisses larges, pleines.	10
Queue petite	2
Membres vigoureux, pointus à l'extrémité .	7
Peau assez épaisse, mais souple.	3
Mouvements faciles.	5
Harmonie et bonnes proportions générales .	5
	100

Cette race est précoce et utilise fort bien les aliments. Jusqu'à six semaines, les gorets ont peu d'apparence, mais ils deviennent ensuite en bonne forme assez rapidement.

Section II. — RACE A SOIES FRISÉES

L'unique race de cette section occupe la partie sud de l'Europe centrale d'où elle déborde sur l'Europe orientale. La Hongrie est son habitat principal, mais on la trouve en Serbie, où elle se mêle à la population locale, en perdant peu à peu ses caractères. Elle s'appelle Mangalicza.

RACE DE MANGALICZA (Syn. : *Race turque, race de Mont-golitz*).

Cette race « ne descend pas — comme on l'a écrit — du Cochon chinois ; selon toutes probabilités, elle dérive directement du Sanglier européen. Connue depuis fort longtemps en Serbie, puis en Hongrie, elle est considérée comme indigène de ces pays. Diverses circonstances l'ont transformée en l'une des meilleures que l'on connaisse dans le monde pour l'engraissement[1] ». On l'appelait autrefois race de Mongolitz et c'est sous ce nom que Viborg l'a décrite au commencement du siècle. Y aurait-il quelque rapport entre ce nom et une origine mongolique ?

Car. — *Soies frisées, entre lesquelles sont intercalés des flocons de sous-poils, de longueur variable, comme on en voit sur les Sangliers pendant l'hiver. Oreilles dirigées en avant, assez larges, dont la partie supérieure est fort laineuse* (fig. 31).

Caractères généraux du Porc romanique ; mais en raison

---

[1] C. Monostori, *Die Schweine Ungarns*, Berlin, 1891, p. 13

de l'amélioration dont il a été l'objet, le groin du Mangalicza a subi un raccourcissement notable qui l'amène peu à

FIG. 31. — Porc de Mangalicza.

peu à la conformation de celui des Cochons anglais et asiatiques. C'est le résultat de la précocité et c'est vraisembla-

blement ce caractère qui a fait parler d'infusion de sang
chinois. Ses membres se rapetissent également tandis que
le tronc continue à s'amplifier. Bref, tel que je l'ai vu au
marché de Kœbanya et dans de grandes fermes hongroises,
il est bien différent aujourd'hui de ce qu'il fut autrefois
à en juger par d'anciennes gravures. Sa queue passablement
longue est très garnie de soies.

Longueur des grosses soies. . . .	0^m075
Diamètre	$0^{mm}19$
Longueur des soies plus fines . . .	0^m10
Diamètre	$0^{mm}8$
Longueur du duvet	0^m03
Diamètre	$0^{mm}4$

Il y a des Mangaliczas noirs, gris et blancs ; chez ces derniers, les soies seules sont blanches ; la peau est restée pigmentée ainsi que le bout du nez et le scrotum.

Les chiffres suivants, relevés par M. Monostori donneront
une idée des proportions corporelles des Mangaliczas :

	PORCS MANGALICZAS	
	âgé de 9 mois	âgé d'un an
Hauteur au garrot.	0.68	0,73
Hauteur à la croupe	0,755	0,73
Longueur du corps	1,12	1,17
Longueur de la poitrine	0,34	0,40
Profondeur de la poitrine . . .	0,445	0,51
Largeur du bassin.	0,31	0,34
Longueur de la tête	0,285	0,26

Les Porcs mangaliczas soutiennent sans désavantage la
comparaison avec les Cochons les plus perfectionnés de
l'Angleterre, de la France et des autres pays, non seulement

pour la conformation, mais aussi pour l'aptitude à l'engraissement. Ils sont devenus des rivaux redoutables pour les
Yorkshires, les Craonnais et les Poland-China.

On estime, en Hongrie et en Serbie, qu'il faut, en moyenne,
160 jours d'engraissement, avec une ration de 2 kg. 500 de
grains égrugés, orge et maïs, pour amener un jeune Porc du
poids de 50 kilogrammes à celui de 140 kilogrammes, soit
un gain journalier de 562 grammes. Lorsqu'on agit sur des
Porcs de plus d'un an, on fait durer l'engraissement 190 jours
en moyenne. Avec une ration de 3 kg. 150, on obtient une
augmentation journalière de 578 grammes et des animaux
de 220 à 240 kilogrammes. On calcule que 100 kilogrammes
d'un mélange de maïs et d'orge distribués à un Porc Mangalicza en augmentent le poids de 20 à 23 kilogrammes,
tandis que la même quantité distribuée à des Porcs communs
de la Bulgarie et de la Roumanie ne produit que 18 kilogrammes d'augmentation.

La chair du Mangalicza est bonne, mais un peu grasse.

En raison de la grande amélioration dont cette race a été
l'objet et qui témoigne en faveur de l'habileté des éleveurs
de l'Europe centrale, la reproduction en consanguinité ne
peut être poursuivie, car la fécondité baisse, il faut rafraîchir le sang.

Porcs serbes. — Ne se distinguent que nominalement des
Mangaliczas hongrois ; ils sont très améliorés aussi.

Pourtant à Kœbanya, on fait une petite différence entre leur
aptitude à l'engraissement et celle des hongrois ; on admet
que 100 kilogrammes du mélange maïs et orge amènent une
augmentation qui ne dépasse pas 20 kilogrammes pour les
serbes, tandis qu'elle peut aller jusqu'à 23 pour les hongrois

Au fur et à mesure qu'on descend vers le Sud, la frisure et l'interposition de flocons laineux diminuent, puis disparaissent. Le type se confond alors avec le Porc romanique, comme pour bien marquer que le changement dans les proportions et les formes est le résultat de l'intervention humaine. A la naissance beaucoup de porcelets serbes sont rayés comme des marcassins, on pourrait les confondre avec eux, car ce n'est pas seulement de la ressemblance, c'est de l'identité.

CHAPITRE VI

RACES A OREILLES PENDANTES

Trois races à signaler dans cette section, dont deux européennes et l'autre asiatique.

RACE COMMUNE A OREILLES PLAQUÉES (Syn. : Races *à grosses soies blanches, polonaise, de Bohême, de Beira*, dénominations auxquelles on pourrait en ajouter une quarantaine d'autres, exclusivement locales ou régionales).

Il est impossible de dire où cette race s'est formée primitivement et à quelle époque. Peut-être ne fut-elle à l'origine qu'un rameau de la race à face plissée formée en Extrême-Orient et qui, se détachant du tronc, amenée vers l'Occident, s'est adaptée particulièrement à l'habitat en plaine et y a acquis le type allongé ?

Dans les pays qu'elle occupa jadis, tout comme aujourd'hui, elle vécut constamment à côté de Porcs à oreilles dressées. Nous savons, par exemple, par D. Low, qu'autrefois, en Grande-Bretagne, cette race occupait les comtés du Centre et l'Irlande, tandis que dans la région montagneuse de l'Écosse et dans les îles avoisinantes, on trouvait les Porcs à oreilles dressées[1] et qu'entre ces deux types existaient « tant d'intermédiaires qu'on ne sait quelquefois auxquels des deux on doit les rapporter ».

Même constatation pour le nord-ouest de la France, et il n'y a pas encore trente ans que la partie occidentale de la Bretagne avait en majorité des porcs à oreilles dressées.

En Suisse, elle n'occupait guère que le canton de Schwitz, tandis que dans le reste du pays vivaient le petit Porc noir à oreilles dressées et le Cochon rouge de Payerne[2].

La même chose a existé dans les pays septentrionaux, ainsi que Linné en fit la remarque pour la Suède, et, plus tard, Viborg pour le Danemark. Ce dernier décrit le Porc de Salouda, et sa description s'applique de point en point au chinois, tandis qu'il nous apprend que dans le Jutland on trouve des animaux à longues oreilles.

On ignore généralement que, de temps immémorial, cette race à longues oreilles occupe moitié du Portugal, vivant à côté du Porc à oreilles droites dirigées en avant.

Il a été avancé que les traditions gauloises et les chroniques gallo-romaines, relatives aux grands troupeaux de Porcs qu'élevaient nos aïeux dans les forêts de la Gaule, se rapportent à cette race. Rien n'est moins exact, le *Sus gallicus*, tel qu'il est représenté sur les monnaies et les enseignes, était à oreilles dressées. D'ailleurs, étant donné le genre de vie des Porcs entretenus constamment en forêts et ayant à se défendre contre les fauves, ils eussent été en fort mauvaise posture avec des oreilles plaquées, gênant la vue et ne permettant pas de percevoir les bruits lointains.

[1] David Low, *Histoire naturelle agricole des animaux domestiques de l'Europe*, traduction de Boyer, p. 27 et 28, 1846.

[2] Bieler, Il y a cent ans *(Chronique agricole de Vaud*, janvier 1897).

Les fouilles, pratiquées dans les tumuli de la Souabe et de la Bavière par Nau, ont mis à jour des têtes de porcins n'ayant aucun des caractères du Cochon à oreilles pendantes.

La direction si caractéristique du conduit auditif sur les têtes osseuses de ces derniers ne laisserait aucun doute si on la rencontrait sur des pièces du quaternaire ou des palafittes, mais aucun paléoethnologue n'a signalé cette direction, et je ne l'ai trouvée sur aucune des pièces qui me sont passées sous les yeux.

Je serais donc assez porté à admettre que la race à longues oreilles a été importée en Europe par quelque peuple envahisseur venant d'Asie.

Elle se répand sur une bande de terre dont le 48e degré de latitude trace la direction générale. Elle part de la Russie, passe par l'Allemagne, les provinces rhénanes, la Suisse du nord, remonte en Danemark et en Suède, se retrouve en Hollande, en Belgique, quelque peu en Grande-Bretagne, englobe le tiers nord de la France. se retrouve dans le sud-ouest et descend dans le Portugal qu'elle occupe dans sa plus grande étendue, comprenant les provinces de Minho, Tra-los-Montes, Douro, Beira-Alta, Beira-Baisa, Estramadure. Elle poursuit jusqu'aux Açores, comme me l'a appris M. Nogueira, professeur à l'Institut agricole et vétérinaire de Lisbonne[1]. Mais, dans aucun des pays énumérés, elle n'occupe actuellement tout le terrain et elle ne l'occupe jamais exclusivement, elle est et paraît toujours avoir été mêlée à d'autres races et fréquemment croisée avec elles.

[1] Nogueira, *in litt.*, 26 août 1896.

Car. — *Oreilles larges, longues et plaquées contre les joues et une partie de la face ; tête forte, large, à crête occipitale reportée en avant, à profil concave et à groin à la fois large et long. Dolichomorphisme. Dos voussé en haut. Membres longs et forts. Soies rudes, grossières, ondulées ou non* (fig. 32).

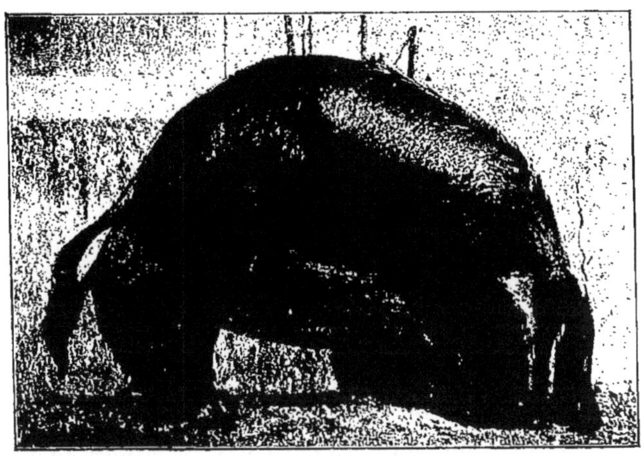

Fig. 32. — Porc de la race commune à oreilles pendantes.

Le pelage est habituellement blanc sale ; dans quelques sous-races, il présente des taches de pigment, particulièrement à la tête, et même on trouve des individus complètement noirs, mais c'est rare. Les anciens auteurs la décrivent comme étant jaune brunâtre assez souvent, avec des soies formant une véritable crinière sur le dos.

Taille moyenne. . . . . 0^m87

Longueur du corps, de la nuque, à la naissance de la queue . 1^m12

Indice céphalique général 52

Indice facial. 62

Indice nasal. 25
Longueur moyenne des soies. 0,14
Diamètre . . . . 0^{mm}26

La côte est fréquemment plate, le ventre plus ou moins retroussé selon le régime, la croupe avalée.

De développement un peu tardif, le Porc commun à grandes oreilles peut acquérir avec l'âge un poids élevé. Il offre l'avantage d'avoir une musculature plus développée, proportionnellement à la graisse qu'il accumule, que les Porcs asiatiques ou périméditerranéens. — Chair excellente.

La fécondité est moyenne et les truies sont bonnes laitières.

Bien conformé pour la marche, ce Cochon peut être élevé à l'antique ; la force de son groin lui permet de bouleverser facilement le terrain pour y chercher de quoi manger ; à cause de cette force même, on ne peut guère le laisser vaquer dans les prés qu'il saccage. En stabulation, on le boucle. Dans quelques sous-races, la longueur des oreilles est telle qu'elle gêne la vue et qu'au pâturage les animaux se heurtent lourdement à des obstacles ou culbutent dans des fossés.

Dans l'étendue qu'elle occupe, la race à oreilles pendantes se trouve dans des conditions d'existence différentes qui ont retenti sur la conformation générale. De la forme très allongée, à ventre levretté et à dos très voussé, on arrive à une ligne dorso-lombaire droite, à un ventre de bon développement, à une croupe plus droite et plus large, à des membres moins hauts et plus épais ; de l'hyperlongiligne, on marche vers le médioligne.

Ces modifications, résultat direct de l'intervention humaine sur un organisme très malléable, permettent de démembrer la race à oreilles pendantes en sous-races. Suivant la coutume, on a donné à celles-ci, fréquemment élevées au rang de races dans le langage populaire, des noms régionaux indiquant les lieux d'où partent les modifications en question. Ces noms ont été multipliés à l'excès et il s'en faut de beaucoup que tous correspondent à des formes distinctes ; aussi serons-nous forcé d'en laisser plusieurs de côté.

Dans nulle autre race probablement, la poussée à l'amélioration qui se remarque d'une façon générale pour tous les animaux domestiques, n'a peut-être été aussi forte que dans celle-ci, de sorte que la forte primitive et fruste devient très rare. Pour atteindre le but poursuivi, l'alimentation, la stabulation et le croisement ont été et sont mis en usage.

Les sous-races à examiner sont désignées sous les noms de podolienne, de Bohême, Bakonyer, bavaroise, du Jutland ou dano-scandinave, schwitzoise, flamande, lorraine, normande, craonaise, gasconne et de Beïra.

Sous-race podolienne. — Elle se trouve dans la Russie centrale et occidentale et en Pologne ; aussi est-elle qualifiée fréquemment de polonaise.

Elle représente le type primitif de la race : haute sur pattes, à dos voussé, à ventre gros ; elle est de développement lent et n'atteint jamais un poids vif élevé.

Ses soies sont couleur paille ou même plus jaunâtres avec une raie brune sur le rachis constituée par des phanères rudes comme ceux du sanglier. Le progrès agricole transformera ou fera disparaître ce groupe.

Sous-race de Bohême. — Ne diffère de la précédente que par une forme générale moins allongée et moins fruste. Perd constamment du terrain devant la Meissener.

Sous-race du Jutland, dano-scandinave. — A côté de Porcs d'autres types, on trouve en Danemark et en Scandinavie le Porc à oreilles plaquées. « Sa tête est longue et large, ses oreilles longues et pendantes, ses membres hauts et vigoureux, ses jambons petits, sa peau et ses soies sont grossières. Il utilise les résidus de laiterie, mais il n'est pas très estimé tant à cause de la lenteur de sa croissance que parce que ce n'est point ce type qui est demandé sur les marchés de la Grande-Bretagne. Cependant lorsqu'on le croise avec une grande race anglaise, il en résulte un excellent Cochon considéré comme supérieur à celui de pure race britannique.

La race anglaise, la plus largement introduite en Suède est la grande Yorkshire. On trouve aujourd'hui dans les campagnes plusieurs familles porcines qui en descendent[1].

Le Jutland est la partie du Danemark où se trouve ce Porc. On le rencontre aussi dans le Holstein. On l'appelle assez couramment *Marsch Schwein*.

Sous-race Bakonyer. — Particulière à la Hongrie, on ne la trouve plus aujourd'hui que dans les comitats de Raab, Somogy, Vesprini et Zala et encore en fort petites proportions. On l'a croisée et on ne cesse de la croiser avec le Mangalicza.

Le porc Bakonyer a la tête longue, les oreilles épaisses et pendantes, le cou ramassé. Ses soies sont rudes, sans disposition à la frisure, grises ou rousses.

Sous-race schwitzoise. — N'a plus guère de représentants aujourd'hui en Suisse. Était caractérisée par un pelage roussâtre qui la rapprochait de la bavaroise et des soies redressées sur la ligne dorso-lombaire. Disparaît dans les croisements.

Sous-race bavaroise. — Assez hauts de membres et à

---

[1] O.-E. Arenauder-Live Stock, *Domestic and wild animals in Sweden.*

soies dures et épaisses, les Porcs bavarois présentent une grande plaque rousse sur la moitié postérieure du corps, l'antérieure étant blanche avec petite tache rousse entre les oreilles. (Il semble que l'espèce porcine a payé par ces taches son tribut à la coloration blonde et rousse qui caractérise la population humaine et plusieurs espèces animales domestiques, en Bavière.)

Bien que pendantes, les oreilles n'ont pas un développement exagéré.

Sous-race flamande, ardennaise et hesbignonne. — On pouvait reconnaître autrefois en Belgique, nous dit M. Reul de Bruxelles [1], « trois sous-races ou plutôt *trois variétés* d'une seule et même race primitive naturelle, descendante, directe, selon toute apparence, du Sanglier des Ardennes ».

A l'heure actuelle, les importations anglaises ont achevé leur œuvre de destruction, ou mieux de transformation utile, et presque tous les représentants de l'espèce porcine que l'on rencontre tant entre les mains du prolétaire que dans les grands domaines sont des Yorkshires.

Cependant on trouve encore çà et là des spécimens des trois groupes qu'on appelle flamand dans la zone basse, ardennais dans la zone haute et hesbignon dans la moyenne.

Le *Porc flamand* était le plus grand et surtout le plus long de tous ; ses membres étaient forts, osseux ; ses onglons larges et écartés. Sa tête longue, au groin formidable, son oreille lourde, longue, attachée bas et pendante au point que l'extrémité inférieure de la conque se salit dans le bac, lorsque le Porc y prend sa soupe. La côte est plate ; le corps étroit.

Ce Porc est toujours blanc, aux soies fortes et rudes.

[1] Reul, *in litt.*

La variété est tardive. Certains sujets bien engraissés pèsent 35o kilogrammes

Le *Porc ardennais* est plus petit que le précédent, plus trapu, plus court. Il est bien fourni en chair, mais peu précoce.

Ses soies sont d'un blanc grisâtre, sale ; elles sont serrées sur tout le corps.

Les jarrets sont souvent crochus.

La tête ressemble, en petit, à celle de la variété précédente.

Le poids de 100 à 125 kilogrammes peut être considéré comme un maximum.

Le *Porc hesbignon* (de la Hesbaye), encore appelé le *carpeau* (à cause de la convexité de son dos de carpe) est fort, osseux, de grande taille, avec soies blanches ou blanc jaunâtre ou jaune grisâtre. Tête longue ; aptitude à fouir la terre (aussi tous les groins sont-ils garnis d'une boucle métallique); oreille longue, lourde et pendante ; cou assez long ; côte plate ; dos, reins, croupe, convexes dans toute leur longueur (dos de carpe). Un agronome anglais, Knight les a parfaitement caractérisés en les comparant à des lévriers renforcés.

Animaux grands mangeurs, à développement tardif, accusant un grand poids à l'abatage et donnant beaucoup de bonne viande maigre (Reul).

Sous-race bretonne. — Elle répond au type décrit et occupe les regions les moins fertiles de l'ancienne province de Bretagne et de l'Islande.

Sous-race lorraine. — Elle est encore appelée vosgienne, alsacienne, meusienne et champenoise, selon les points où on l'observe.

De robe blanc sale, avec quelques reflets dorés sur le dos et les flancs, elle est moins haute sur jambes et de ventre plus développé que dans les groupes précédents. Sa tête est proportionnellement très grosse et ses oreilles pendantes ne sont pas très longues.

Dans mes excursions, j'ai vu aux environs de Verdun des familles porcines à dos ensellé.

Les croisements avec les races anglaises et particulièrement avec le grand Yorkshire se généralisent de plus en plus dans tout l'Est, et le moment viendra où l'ancien Porc lorrain aura fait place à des métis, plus perfectionnés pour la production du lard, mais qui ne le vaudront pas pour la qualité de sa chair qu'atteste la réputation des jambons de Lorraine et d'Alsace, et pour son aptitude à trouver sa nourriture dans les champs.

Les Porcs lorrains, par les Ardennes et la Champagne, sont remontés en Flandre française, Artois et Picardie. Ils ont subi dans ces provinces, par l'alimentation seule ou combinée avec les croisements avec les races anglaises, des modifications identiques aux Porcs lorrains. Ils occupent aussi la Belgique et les provinces rhénanes.

Sous-race du Lot. — Des Charentes, la race à longues oreilles descend en Auvergne, puis plus au Sud, elle occupe particulièrement le département du Lot et les limitrophes où elle se mêle à d'autres types pour former des métis. Rien n'est plus disparate que les animaux de ces régions ; ils sont la traduction exacte de la fertilité du sol et de la richesse de l'alimentation ; primitifs et efflanqués dans de pauvres villages d'Auvergne, ils se rapprochent du Craonais dans la partie riche et fertile du Lot. Ils ont, ou non, une tache noire.

Sous-race de Beïra. — Une autre traînée de la race à longues oreilles a suivi le rivage de l'Océan, et un rameau s'est implanté en Portugal dont elle occupe la plus grande partie. Le Cochon de ce groupe est appelé en portugais *Porco bizaro*, ou *Porco de Beïra*.

Sa tête est grosse, son groin allongé, ses oreilles pendantes, le corps est aplati latéralement ; la taille moyenne est de 1 mètre et la longueur de la nuque à la naissance de la queue, de 1ᵐ5o. Les membres sont longs et grêles, les soies abondantes ; on trouve des individus blancs, des tachetés et des noirs ; les premiers sont moins communs que les seconds et les troisièmes.

« Ces Porcs mangent beaucoup, engraissent difficilement mais font plus de viande que de lard. Cependant, bien engraissés, ils vont jusqu'à 25o kilogrammes de poids net. Leur fécondité est remarquable, mais ils sont peu rustiques et sujets aux maladies. Ils vivent plutôt en stabulation qu'au pâturage. » (Nogueira.)

Race craonaise. — Rameau de la race précédente, la Craonaise doit en être détachée parce que sa morphologie générale s'est modifiée, que ses soies se sont affinées, que sa robe est toujours sans pigment. Les procédés zootechniques l'ont créée, lui ont conquis son autonomie, comme ils l'ont fait, par exemple, pour la race de Durham, dans l'espèce bovine.

Nous sommes forcé de lui laisser son nom géographique, car c'est sous ce vocable qu'elle a conquis sa place, et qu'elle se la fait plus large de jour en jour. Elle l'a emprunté à la ville de Craon, arrondissement de Château-Gonthier (Mayenne). Elle est répandue non seulement dans cette région, mais encore dans les départements voisins, particulièrement dans ceux de Maine-et-Loire, Loire-Inférieure, Vendée et jusque dans la Charente-Inférieure qu'elle occupe entièrement. En raison de ses qualités, on en trouve des représentants de tous côtés, dans les porcheries des cultivateurs progressistes du Centre et du Sud-Est. A peine connue en Suisse il y a quelques années, elle s'y implante ainsi que l'ont montré les dernières expositions fédérales de Berne et de Genève. C'est la plus perfectionnée des sous-races de la race à grandes oreilles. Sa conformation et ses aptitudes expliquent la vogue dont elle jouit, l'extension qu'elle prend et qu'elle prendra de plus en plus.

Il y a peu de temps, on l'appelait *mancelle*, *angevine*, *poitevine*, *vendéenne*, *angoumoise* ; toutes ces appellations disparaissent.

Le Porc craonais est remarquable par la longueur de son tronc dont la ligne du dessus est droite (fig. 33). Des truies de ce groupe mesurent 2^m 09 du groin à la naissance de la queue. La taille à l'épaule n'étant que de 0^m 91 et encore la hauteur de poitrine formant une bonne part de ce chiffre, les membres du Porc primitif se sont donc raccourcis tandis que le tronc s'est allongé. L'angle fronto-nasal est très marqué ; le groin, de développement moyen en longueur, est assez large. L'oreille toujours très large aussi doit être bien cassée, pas trop épaisse et plaquée latéralement de façon à laisser l'œil à découvert. Il arrive parfois qu'elle est trop dirigée en avant et qu'elle gêne la vue, c'est un défaut. La queue est relativement longue, presque toujours déroulée avec un fort bouquet de soies terminales. Pas de pigmentation ni à la peau, ni aux soies qui sont longues, épaisses, droites ou un peu ondulées sur le dos. Les extrémités sont larges et les onglons forts.

Non seulement le Porc craonais est de bonne conformation, mais il donne beaucoup de chair proportionnellement au lard et cette chair est excellente, double motif de sa vogue. Alimenté dans les conditions ordinaires de la pratique il pèse en moyenne 70 kilogrammes à six mois et 200 kilogrammes de seize à dix-huit mois.

Les Porcs dits *Augerons* ou de la vallée d'Auge sont à rap-

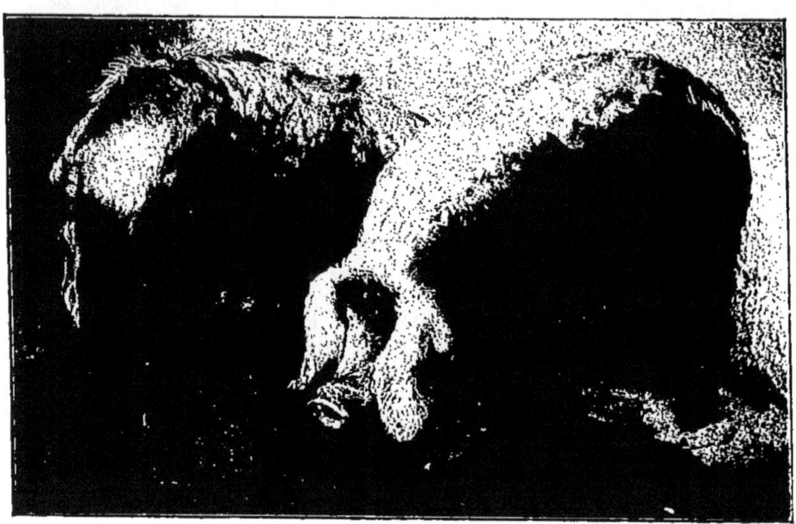

Fig. 33. — Truies craonaises.

procher des Craonais par l'amélioration de leur conformation ; ils peuvent atteindre 300 kilogrammes. La brièveté de leur tête et la douceur de leurs soies dénoncent l'infusion de sang anglais.

Il en est de même des Porcs normands, recommandables par l'ampleur du tronc et dont la ligne dorso-lombaire est droite, mais la tête est restée grosse et les soies dures. On leur donne des noms particuliers suivant les régions qu'ils habitent : cauchois, cotentins, alençonnais, percherons, manceaux.

Race a face plissée (Syn. : *Race à masque).* — Cette race est originaire de l'Extrême-Orient. Elle fut introduite d'abord au Jardin zoologique de Londres, puis des spécimens en ont été envoyés dans quelques pays de l'Europe pour en étudier les caractères et voir si elle s'accouplait avec les races porcines européennes et si les produits obtenus étaient féconds.

Ces études n'étaient point inutiles, car Gray, qui avait examiné la tête d'un sujet de cette race[1], non seulement faisait du Cochon masqué une espèce spéciale, mais il le classait même dans un sous-genre particulier. Nathusius, qui a repris le sujet, après s'y être préparé par l'étude minutieuse de tout le groupe des Porcins, a conclu que le crâne de ce Porc est identique à celui du Cochon indo-chinois ordinaire. Plus récemment, Lucae est arrivé aux mêmes conclusions que Nathusius[2].

Enfin, on s'est assuré que ce Cochon s'accouple sans difficulté avec les autres porcs domestiques ; que ces accouplements sont féconds et que les sujets issus de ces unions ne sont point des hybrides, c'est-à-dire stériles, mais des métis féconds entre eux et avec les autres sortes de Porcs.

La question est donc tranchée ; nous sommes en présence d'une race, non d'une espèce.

Car. — *Tête courte. Front et groin très larges dont la peau est sillonnée de profondes rides. Oreilles très grandes et pendantes.*

Manteau noir avec balzanes. A la naissance, les jeunes ne sont pas rayés à la façon des marcassins. Dans les régions

---

[1] Gray, *Proceed. zool. Soc.*, 1862, p. 13.
[2] Lucae, *Der Schädel der Maskenschweiner*, 1870.

des épaules et de la croupe, la peau montre d'épais replis rappelant les plaques du rhinocéros indien.

L'aspect général de ce Cochon est particulier et impressionne désagréablement des Européens habitués à d'autres formes porcines. Il y a peu de probabilités pour que jamais il se diffuse dans nos pays ; les femelles sont pourtant très prolifiques.

CHAPITRE VII

PORCS SYNDACTYLES

L'existence des Porcs syndactyles a été signalée très anciennement. On voit de temps à autre, dans les pays éloignés les uns des autres, des sujets monodactyles et cette anomalie a été enregistrée par les tératologistes. Ce n'est point de ces individus isolés les uns des autres que nous voulons parler.

Il s'agit des Porcs qu'on trouve dans la région bas-danubienne plus abondamment qu'ailleurs, qui l'habitent depuis les temps antiques et dont la syndactylie ne semble être, nous l'avons déjà dit, que l'exagération de l'acroleptosisme.

Aristote[1] les mentionne en Illyrie et Péonie, dans les termes suivants :

Les quadrupèdes, qui ont du sang et qui sont vivipares, ont tantôt les extrémités à plusieurs divisions, comme les mains et les pieds dans l'homme.

Quelques-uns, en effet, ont plusieurs doigts, comme le lion, le chien, la panthère.

D'autres n'ont que deux divisions, et, au lieu d'ongles ont des pinces, comme le mouton, la chèvre, le cerf et l'hippopotame.

Il en est d'autres qui n'ont pas de division, comme les solipèdes, parmi lesquels on peut citer le cheval et le mulet.

Le Porc a les deux conformations; car il y a aussi, dans l'Illyrie, dans la Péonie et ailleurs, des Porcs qui sont solipèdes.

[1] Aristote, *Histoire des animaux*, liv. II, chap. II, § 13, édition Barthélemy Saint-Hilaire, Paris, 1883, t. I, p. 114.

Pline ne les omet pas davantage[1].

La plupart des naturalistes modernes les signalent; Linné les introduit dans sa classification sous la rubrique *S. monongulus*.

Buffon les cite[2]. Avant ce dernier, un prince roumain, Dimitrice Cantemir[3], les avait étudiés sur place et décrits dans les termes suivants :

« Dans le département d'Orchei (Bessarabie), dans le village Fohatin, situé entre les rivières Ichilul et Rautul, les Cochons n'ont pas le sabot fourchu, mais un seul sabot, de même que les chevaux.

« Les truies des autres endroits qui sont emmenées dans cette province mettent au monde à la troisième année des porcelets qui possèdent de même les sabots entiers. Cela ne s'observe pas seulement aux Cochons domestiques, mais même aux Sangliers, qui fécondent en masse les truies aux milieu des endroits pleins de laîche qui abondent sur la rivière du Dniestre. »

Dans le courant de notre siècle, F. Cuvier[4], de Blainville[5] Blumenbach, Viborg, Pallas, Darwin[6], Brehm[7] en ont parlé et ont décrit quelques particularités des pieds; plus récemment MM. Baron et Dechambre[8] s'en sont occupés, mais

---

[1] Pline, *Histoire naturelle*, t. XI, chap. XLVI.

[2] Buffon, *Histoire naturelle*, t. IX, édition de 1758.

[3] E. Cantamir, *Lettre sur la Moldavie*, p. 92. Cet opuscule a paru 1745, en langue allemande; il a été traduit en roumain par Boldar Latzescu. (Note de M. Vasilescu.)

[4] F. Cuvier, *Dictionnaire des sciences naturelles*, t. IX, art. COCHON,

[5] De Blainville, *Ostéographie du genre Sus*, p. 128.

[6] Darwin, *Variation des animaux et des plantes*.

[7] Brehm, *la Vie des animaux*, LES MAMMIFÈRES, p. 748.

[8] Dechambre, Sur les Porcs syndactyles (*Journal de médecine vétérinaire et de zootechnie*, février 1892).

c'est surtout à M. Vasilescu, professeur à l'École vétérinaire de Bucharest, qu'on en doit la connaissance la plus exacte et surtout les expériences longtemps conduites qui ont prouvé que la particularité caractéristique de ces animaux est héré ditaire et par conséquent forme race[1].

C'est grâce à l'obligeance de ce zootechniste que, dans un voyage aux régions danubiennes, j'ai pu étudier *de visu* le Porc syndactyle.

Cantemir, on vient de le voir, ne mettait pas en doute la transmissibilité de la monongulie.

Darwin non plus, il s'en explique dans les termes suivants :

« Sir Héron a élevé quelques Porcs provenant de croisements de la race commune avec le Porc à sabots pleins ; les métis n'avaient pas les quatre pieds dans un état intermédiaire : chez deux des pieds, les sabots étaient normalement conformés et réunis chez les deux autres. »

Ces documents étaient insuffisants pour asseoir les convictions. M. Vasilescu a mis à projet sa situation en Roumanie pour étudier expérimentalement la question ; il l'a tirée au clair. Ses expériences ont commencé en 1889, et il en a présenté les résultats en 1896.

Le point de départ a été l'accouplement d'un mâle monodactyle avec une truie à pied fourchu, ce qui n'assurait pas la monodactylie d'une façon aussi sûre que si l'expérience eût porté sur deux reproductions monodactyles. Malgré cette circonstance défavorable, pendant le laps de temps précité, il a obtenu dix générations composées de cinquante-quatre sujets dont trente-neuf furent syndactyles et quinze

---

[1] Vasilescu, *Coup d'œil sur l'existence des Porcs monodactyles*, juin, mai 1896.

bidactyles. Et il fait remarquer que, si ce nombre est restreint, c'est qu'il a réformé non seulement les dialydactyles, en général, mais encore parmi les syndactyles tous les individus chétifs et considérés comme n'étant pas capables de faire souche. Il conclut en disant que, « par une reproduction soignée et une sélection rigoureuse entre les sujets syndactyles, la monodactylie se transmet de génération en génération, elle peut se reproduire indéfiniment. »

Du moment qu'il y a fécondité illimitée et reproduction héréditaire, il y a race et non accident. Voyons les caractères de cette race.

Car. — *Pieds non fourchus. Dolichomorphose. Hyperacroleptosisme. Oreilles dirigées en avant et de développement moyen. Tête pointue dans son ensemble. Angle fronto-nasal à peine marqué. Groin effilé. Aspect hirsute du Sanglier.*

Tous les sujets que j'ai vus étaient de couleur fauve avec groin noir. Ils avaient deux sortes de soies comme le **sanglier** : les unes fines, courtes, feutrées, formaient un sous-poil, les autres plus longues, dures habituellement, et assez frisées sur quelques spécimens. De la nuque aux lombes court une véritable crinière de Sanglier.

Les autres caractères sont ceux des Porcs **roumains** et des napolitains non améliorés de l'Italie du Sud et de la Sicile (voy. p. 94, 95, 96).

La durée de la gestation est celle du Sanglier, soit de 122 à 125 jours. La taille et le poids sont plutôt au-dessous que dans la moyenne de la race roumaine ordinaire.

L'anatomie du pied est particulièrement intéressante. F. Cuvier en examinant un dessin, mais non en faisant lui-même une dissection, s'exprimait ainsi :

On sait que les doigts du Cochon ordinaire sont formés, comme tous les doigts parfaits, de trois phalanges. Deux de ces doigts, beaucoup plus courts que les autres et qui, dans la marche, ne posent point à terre, sont situés de chaque côté des deux doigts du milieu et un peu en arrière ; les deux grands doigts se touchent et dépassent les autres de la longueur de leurs deux dernières phalanges. Les petits doigts latéraux n'ont point éprouvé de changement dans le Cochon solipède, c'est dans la structure des doigts moyens que consistent les caractères de cette race : deux phalanges se sont développées extraordinairement entre la seconde et la troisième, c'est-à-dire que l'extrémité d'un troisième doigt s'est produite avec un ongle qui a servi d'intermédiaire pour recouvrir les deux autres. Au reste cette réunion n'est qu'imparfaite, et ne semble produite que par la compression exercée par la présence de l'ongle surnuméraire ; car on aperçoit très nettement, aux irrégularités des ongles de cette race, les trois ongles particuliers dont ils sont formés.

Cette opinion fut reprise par de Blainville, qui, pas plus que F. Cuvier, ne disséqua de Porcs syndactyles. Elle est fautive comme l'ont prouvé M. Vasilescu et M. Dechambre, qui, eux, ont étudié la disposition anatomique pièces en mains.

Le premier a donné la description suivante du squelette du pied monodactyle.

Par la dissection, on trouve d'abord que les deux phalangettes des membres sont complètement unies, formant ainsi un os unique, analogue à la phalangette du cheval.

Dans le sillon antérieur, formé par l'union de ces deux phalangettes, on observe un bourrelet osseux, adhérent aux phalangettes et simulant par ce fait une proéminence allongée, avec la base en haut, pareille à l'éminence pyramidale du cheval.

Les deux phalangines ne se sont complètement soudées que dans leur moitié inférieure, tandis que dans l'autre moitié on trouve interposé un tissu fibro-cartilagineux, d'ailleurs très dense, qui les fait se réunir intimement.

Les deux petits sésamoïdes sont confondus dans un os unique, qui à son tour, est soudé par l'extrémité inférieure aux phalangines, de manière qu'on trouve une seule surface articulaire, irrégulière, qui s'oppose à la surface articulaire formée par l'union des phalangettes.

Les deux phalanges s'articulent avec l'extrémité supérieure des phalangines, formant ainsi deux articulations distinctes, quoique adjacentes.

Les ligaments interdigitaux se trouvent avec la même disposition que chez les autres Porcs bidactyles.

Dans le membre antérieur comme à l'état normal, dit M. Dechambre, l'extenseur commun des doigts possède quatre branches tendineuses : les deux médianes, exactement accolées sur la face antérieure de la seconde phalange, de chaque côté de sa dépression s'insèrent séparément de part et d'autre de l'éminence pyramidale de la troisième.

Dans la région antibrachiale postérieure, le perforant insère sur la troisième phalange ses deux tendons qui confondent là quelques-unes de leurs fibres. L'insertion des branches du perforé n'est pas non plus modifiée, elle s'effectue de chaque côté de la dépression médiane de la seconde phalange.

Donc la région des tendons n'a subi aucune modification, si ce n'est le rapprochement, tout à fait à leur extrémité, des deux branches du perforant.

A ce membre de derrière, dans la région jambière postérieure, les fléchisseurs profond et superficiel des phalanges sont dans leurs rapports normaux; à leur insertion sur la troisième phalange, les tendons paraissent s'unir plus intimement que tout à l'heure en formant sous l'os, une sorte d'aponévrose plantaire. Les deux branches du perforé s'insèrent isolément sur les deux éminences de la seconde phalange.

Dans la région jambière antérieure, les quatre tendons de l'extenseur commun des doigts existent et les deux qui vont au doigt médian s'insèrent de chaque côté de l'éminence pyramidale de l'os du pied. L'extenseur propre des doigts externes possède, longuement divisées, ses deux branches qui vont l'une au petit doigt externe, l'autre au médian. Les deux parties du tendon de l'extenseur propre des doigts internes se séparent un peu plus tard que de l'autre côté, mais n'en existent pas moins, distinctes.

En somme, pas plus dans le membre postérieur que dans le membre antérieur, les muscles et les tendons n'ont subi de modification profonde.

On a vu plus haut l'explication que donne Fréd. Cuvier de ce fait anormal : « Deux phalanges se sont développées extraordinairement entre la seconde et la troisième, c'est-à-dire que l'extrémité d'un troisième doigt s'est produite avec un ongle qui a servi pour recouvrir les deux autres. »

Cette explication semble bonne au premier abord, car l'éminence pyramidale de l'unique troisième phalange paraît formée par un noyau d'ossification distinct. On retrouverait donc dans ce noyau le vestige de ce troisième (ou cinquième) doigt supplémentaire dont Cuvier admet théoriquement l'existence. D'un autre côté, dans la formation des monstres, la compression exerce une grande influence pour la production de soudures précoces; et ces soudures sont si intimes que les parties constituantes semblent s'être pénétrées réciproquement, en sorte que théoriquement seulement on peut concevoir leur dualité primitive.

M. Dechambre fait très justement observer que chez le Porc les deux grands doigts sont l'annulaire et le médius, les deux petits sont l'index et l'auriculaire; le pouce n'est représenté que par le cinquième os de la rangée inférieure du carpe, le trapèze.

Dans l'opinion de Cuvier, le cinquième doigt qui se développerait entre les deux autres serait le médius, ce qui est impossible, puisqu'il existe déjà ; ce ne peut non plus être le pouce, qui ne se développe qu'à la suite de l'os trapèze. Quelle que soit la valeur qu'un nom comme celui de Cuvier donne à une hypothèse, celle-ci n'est donc plus soutenable.

La persistance de cette race dans la région bas-danubienne depuis les temps antiques, malgré qu'elle n'ait été l'objet d'aucune sélection, prouve la possibilité et même la facilité de la développer et de l'étendre si on le voulait. En dehors des expériences de laboratoire, on ne l'a pas fait. Pour M. Vasilescu, cette abstention est en partie la conséquence de la recommandation faite au xie chapitre du deuxième livre du Lévitique, de ne pas manger de la viande provenant d'animaux qui n'ont pas le pied fourchu. Pour ceux qui obéissent à la lettre du livre, un Porc monodactyle ne serait pas comestible.

A côté de cette raison et peut-être avant elle, s'en place une d'ordre pratique. Jusqu'ici pour la fécondité, le poids, la production de la chair et du lard, cette race n'a pas de supériorité sur la souche d'où elle émane, elle ne tente pas le praticien n'envisageant que le côté économique dans l'élevage. Elle n'aura de chances de se répandre qu'autant qu'on la modifiera et qu'on la perfectionnera comme bête comestible.

Telle qu'elle est, son intérêt est de premier ordre pour le zootechniste pur et pour le biologiste qui saisissent sur le vif les conséquences de la loi *de variabilité des parties multiples*.

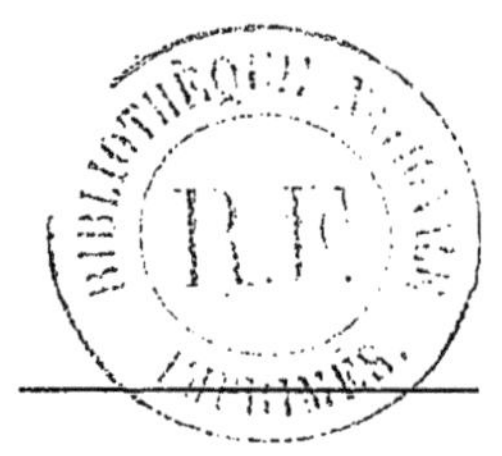

TABLE DES MATIÈRES

ARTIODACTYLES

LES PORCS

Lyon. — Imp. PITRAT AÎNÉ, A. Rey successeur, 4, rue Gentil. — 15145

www.ingramcontent.com/pod-product-compliance
Ingram Content Group UK Ltd.
Pitfield, Milton Keynes, MK11 3LW, UK
UKHW021728090726
13657UKWH00002B/576